PRINCIPAUX OUVRAGES DU MÊME AUTEUR

RECHERCHE ET EXTRACTION DES ALCALOÏDES, in-8⁰. Paris, 1875.

RECHERCHES DE CHIMIE MÉDICALE SUR L'HÉMATINE, in-8⁰. Paris, 1876.

DES DENSITÉS DE VAPEUR AU POINT DE VUE CHIMIQUE, in-8⁰. Paris, 1878.

COURS DE CHIMIE ORGANIQUE, professé à la Faculté de médecine et de pharmacie de Lyon, in-4⁰. Lyon, 1882. *Épuisé.*

LEÇONS DE CHIMIE ORGANIQUE ET DE CHIMIE BIOLOGIQUE, 1887. 1 vol. in-8⁰, avec figures. *Sous presse.*

LYON. — IMPRIMERIE PITRAT AÎNÉ, 4, RUE GENTIL

LA
COLORATION DES VINS

PAR

LES COULEURS DE LA HOUILLE

MÉTHODES ANALYTIQUES
ET MARCHE SYSTÉMATIQUE POUR RECONNAITRE LA NATURE DE LA COLORATION

PAR

PAUL CAZENEUVE

Professeur de chimie et de toxicologie à la Faculté de médecine et de pharmacie de Lyon

MEMBRE CORRESPONDANT DE L'ACADÉMIE DE MÉDECINE

Avec une planche pour les spectres d'absorption

PARIS
LIBRAIRIE J.-B. BAILLIÈRE & FILS
19, RUE HAUTEFEUILLE, PRÈS DU BOULEVARD SAINT-GERMAIN

1886

LA COLORATION DES VINS

PAR

LES COULEURS DE LA HOUILLE

PAR

Paul CAZENEUVE

Professeur de chimie et de toxicologie à la Faculté de médecine
et de pharmacie de Lyon
Membre correspondant de l'Académie de médecine

PARIS

LIBRAIRIE J.-B. BAILLIÈRE ET FILS

19, RUE HAUTEFEUILLE, près du boulevard Saint-Germain

—

1886

LA
COLORATION DES VINS

PAR

LES COULEURS DE LA HOUILLE

PRÉFACE

Le livre, que nous offrons au public, ne fait pas double emploi avec l'excellent *Traité de la Sophistication des Vins*, de mon éminent maître et ami le professeur Armand Gautier [1] : il en est en quelque sorte le complément.

L'ouvrage de M. Armand Gautier s'occupe des falsifications des vins en général ; il consacre de précieux développements à l'étude du meil-

[1] ARM. GAUTIER, *La Sophistication des vins, méthodes analytiques et procédés pour reconnaître la fraude.* 3e édition, Paris 1884. 1 vol. in-8 j. avec 1 planche coloriée, contenant 53 tons de vins naturels ou coloriés artificiellement.

lage et de la coloration artificielle par les colorants naturels, fruit des travaux personnels et
originaux de l'auteur.

Mais à l'époque où il a été écrit, les colorants
dérivés de la houille, qui, depuis de longues
années déjà, avaient fait leur entrée dans le
monde, avaient à peine fait leur entrée dans les
vins. M Armand Gautier les a donc un peu
négligés, se contentant de rapporter dans son
livre les q lelques procédés utilisés, pour cette
question spéciale, par le Laboratoire municipal
de Paris.

Ces dernières années et surtout ces derniers
mois, la coloration des vins par les dérivés du
goudron a pris un développem ent tel que la
question s'est posée alarmante devant l'hygiène
et la chimie.

Ces colorants sont-ils toxiques? Sont-ils
nuisibles? Quelles sont les méthodes sûres
pour les retrouver dans les vins? On peut aujourd'hui répondre.

Nous avons essayé de résoudre ces questions.

Une première partie est consacrée à *l'étude toxicologique de ces colorants* : elle résume nos travaux personnels exécutés en collaboration avec notre savant collègue, M. Lépine, professeur de clinique médicale à la Faculté de médecine de Lyon.

Une deuxième partie traite de la *recherche chimique des colorants*. Tout en tirant profit de quelques réactions déjà connues, nous avons accordé des développements spéciaux à une méthode générale que nous avons instituée, et qui nous a paru appelée à rendre des services.

Certains esprits chagrins prétendront que ce livre sera aussi utile aux falsificateurs qu'aux chimistes. Tel colorant se découvre, cherchons-en un autre, dit le falsificateur, et cherchons-en un qui échappe cette fois aux réactifs connus.

On se mettra à l'œuvre évidemment pour tromper, si possible, notre vigilance. On cherchera d'autres colorants. Nous nous y atten-

dons ; mais nous avons la ferme confiance que
si la chimie fournit des éléments à la falsification, elle donnera toujours en revanche au
chercheur infatigable des armes pour la com-
battre.

Professeur PAUL CAZENEUVE.

Lyon, 1er juin 1886.

COLORATION DES VINS

LES COULEURS DE LA HOUILLE

INTRODUCTION

LA COLORATION ARTIFICIELLE DES VINS

C'est la question du jour. Des procès retentissants se déroulent en correctionnelle. Dans les causeries, dans la presse, on n'agite que vin coloré, et chacun à table boit avec inquiétude.

Cette coloration artificielle des vins est-elle un fait nouveau? Assurément non. C'est là une pratique qui doit être vieille comme le monde. L'idée d'embellir une marchandise avilie et dépréciée, de lui donner un aspect flatteur qui facilite la vente, a porté les marchands à colorer leurs vins. Nos pères ont donc dû boire avant nous des vins colorés. Mais ils n'avaient pas de laboratoires municipaux pour faire analyser leurs boissons, et les colorants de la houille n'étaient pas connus.

On colorait avec le sureau, la mauve noire, la cochenille et quelques autres matières colorantes naturelles, toutes difficiles à reconnaître, mélangées au vin en petite quantité. Aujourd'hui on emploie la fuchsine, le sulfoconjugué de la fuchsine et ces magnifiques colorants azoïques, qui disputent à l'arc-en-ciel la gamme de ses tons éclatants. Armée de ses réactifs, la chimie décèle des traces de ces substances.

De là, des saisies plus nombreuses qu'autrefois. La fréquence de ces manipulations frauduleuses a également augmenté, il faut en convenir. La misère de nos vignobles, atteints de nombreuses maladies, a ralenti la production, et la fabrication des vins artificiels a crû proportionnellement pour répondre aux exigences de la consommation. Le commerce peu scrupuleux trouve ainsi des ressources compensatrices qui rétablissent parfois l'équilibre économique. Le fisc généralement de ne pas s'en plaindre, mais l'hygiène de réclamer, et à juste titre.

Je dis que le fisc ne se plaint pas généralement ; j'admets, en effet, que ces vins fabriqués payent les droits comme vins purs de vendange, mais il arrive que ces vins sont assez fortement colorés et alcoolisés pour être dédoublés une fois les droits payés. D'une pièce de vin on en fait deux, et au préjudice du Trésor.

Ce sont des vins mouillés, des vins de raisins secs, des vins de seconde cuvée qu'on colore ainsi pour les présenter comme vins purs de vendange. Une question grave se pose :

Les procédés de coloration par les dérivés de la houille constituent ils un danger sérieux pour la santé publique ?

Les hygiénistes les plus autorisés, Wurtz[1],

---

[1] WURTZ, *Rapports sur divers procédés proposés pour reconnaître la falsification des vins, notamment l'addition*

Bouchardat, Armand Gautier, ont condamné énergiquement la coloration des vins par les dérivés de la houille. Ils ont eu raison.

Quelques colorants renferment du brome et de l'iode (éosine, érythrosine), d'autres de l'hypoazotide (dérivés nitrés), d'autres de l'azote sous une forme particulière (azoïques et diazoïques). *A priori* la prudence était de commande.

L'expérience a bien prouvé qu'ils étaient dans le vrai.

Quelques colorants sont en effet toxiques : le jaune de binitronaphtol. D'autres produisent des accidents sans être des toxiques violents : la safranine, le bleu de méthylène. Et nous pourrions multiplier les exemples.

Que se passe-t-il ? Les falsificateurs s'inquiètent fort peu dans le choix du colorant de la toxicité ou de l'innocuité de tel ou tel, question d'hygiène dont le contrôle leur échappe. Ils recherchent le bon marché, ils acceptent le

de la fuchsine (*Recueil des travaux du Comité consultatif d'hygiène,* 1878, t. VII, p. 357).

produit le plus introuvable à l'analyse chimique, celui qui imite le mieux la matière colorante du vin. Il n'est pas rare qu'ils mélangent un rouge, un jaune et un bleu pour que la confusion avec les *gros bleus* du Midi soit plus complète. Aujourd'hui le falsificateur prend un colorant inerte ou à peu près, demain il prendra un poison. C'est une sorte de tirage au sort dans l'arsenal des colorants extraits du goudron, où les numéros sortent bons ou mauvais, suivant les circonstances. Ajoutons que souvent on emploie des résidus de fabrication de ces matières colorantes, résidus souillés d'impuretés plus ou moins vénéneuses. On se rappelle les accidents occasionnés par la fuchsine arsenicale.

N'est-ce pas là un danger pressant d'être exposé à prendre tous les jours même des traces de toxiques ?

Les hygiénistes doivent donc être unanimes à condamner sévèrement ces pratiques. Je ne sais si on trouverait une voix dans les conseils d'hygiène pour ne point ratifier cette conclusion.

Mais l'hygiéniste a parfois un autre rôle à remplir. Il n'est point seulement appelé à formuler des aphorismes dans une enceinte scientifique, dans le Conseil d'hygiène départemental ou municipal, sur l'opportunité et le danger de ces colorations. Il est parfois convié par la justice à venir répondre dans un procès et dans un cas précis et déterminé. Il a analysé un vin, il a trouvé le sulfoconjugué de la fuchsine à la dose de 1 centigramme par litre, ce qui est le cas le plus habituel, — on en trouve souvent moins.

Le vin est-il falsifié demande-t-on ? Ce vin peut-il être nuisible à la santé ? La réponse affirmative à la première question n'est pas douteuse. La réponse à la seconde question est plus délicate.

L'expérience seule peut trancher.

Il ne s'agit plus cette fois en effet de question de doctrine, de considérations générales sur les inconvénients et les dangers de la coloration artificielle des vins par les dérivés et la houille. Il ne s'agit plus de faire de l'hygiène et de la prophylaxie, de proclamer les sains principes.

On est en face d'un fait : on a devant soi un prévenu menacé de deux ans de prison, s'il a mis dans ce vin un poison, de trois mois seulement s'il a mis dans le vin une substance suspecte, et d'une amende, s'il a commis une falsification inoffensive.

Le falsificateur est coupable, personne n'en doute. Mais en bonne justice il doit bénéficier des circonstances atténuantes, s'il a employé un produit inoffensif au lieu d'un poison, lors bien même qu'un heureux hasard l'aurait servi dans son choix.

L'homme de science n'a pas à poser la responsabilité. Il laissera ce soin à l'avocat de la République. Il a le devoir d'affirmer un fait, en s'appuyant sur l'expérimentation et l'observation.

Précisément, à la suite d'expériences sur les animaux et d'observations prises chez l'homme sain et malade en collaboration avec mon collègue le professeur Lépine, je suis aujourd'hui convaincu que c'est se mettre en contradiction avec les faits que de prêter à tous les colorants de la houille et spécialement aux azoïques, comme on le fait trop souvent, le caractère commun d'être dangereux et toxiques.

Les dérivés nitrés sont spécialement toxiques (acide picrique, binitronaphtol, etc.). D'autres dérivés sont simplement nuisibles sans être des toxiques violents (bleu de méthylène, safranine).

D'autres enfin sont tolérés par l'homme sain et même malade (brightique), comme par les animaux (chiens, porcs), sans aucun phénomène appréciable, et à des doses élevées. Nous citerons les jaunes et rouges azoïques suivants : jaune solide, jaune NS, rouge Bordeaux B, pourpre, rouge de roccelline, et quelques autres. Quelles conclusions à tirer de ces faits ?

Les voici :

1° Il ne faut pas confondre tous les colorants de la houille sous cette rubrique : *colorants dangereux;*

2° Les experts, chargés de déposer devant

les tribunaux sur la nocuité ou l'innocuité de tel ou tel colorant trouvé dans un vin, devront faire des distinctions, ne pas confondre par exemple la safranine avec le sulfoconjugué de fuchsine. Le degré de toxicité du colorant pouvant constituer une circonstance aggravante, il est bon de préciser.

Et je répète ce que j'avançais dans une note sur le sulfo de fuchsine dans les vins[1] : « Ennemi déclaré de la coloration artificielle des vins qui appelle en principe les sévérités de la justice, nous demandons que sous prétexte d'élever une barrière contre l'envahissement de ces manipulations frauduleuses, on ne dépasse pas la mesure... Le souci légitime d'aider à la répression ne doit pas faire oublier le respect absolu dû à la vérité scientifique. »

Est-ce à dire maintenant que le sulfoconjugué de fuchsine, pris à la dose de 1 centigramme par jour pendant des années dans un vin, soit une chose indifférente ? J'estime qu'on

[1] Voir *Lyon médical*, t. I., nov. 1885, p. 272.

ne peut avancer cela. Mais, étant donné qu'un brightique a pris 3 et 4 grammes d'un coup et plusieurs jours de suite de sulfoconjugué de fuchsine sans inconvénient, il est à présumer qu'en prenant cette dose en quatre cents jours, soit 1 centigramme par jour, il n'en éprouvera aucun effet. Ce sont là des probabilités et de sérieuses probabilités. Mais il faut convenir que ce serait prématuré de généraliser pour toutes les individualités.

En somme la science ne sait rien de positif et de prouvé sur cette question, qui demanderait une étude expérimentale prolongée dans des conditions très variées, difficile à pratiquer chez l'homme.

Devant la justice on doit à cet égard être réservé. Mais, en réalité, doit-on l'être moins sur l'action des colorants naturels, que tous les hygiénistes ont l'habitude de regarder comme inoffensifs. Car enfin il serait singulier qu'on ait deux poids et deux mesures, c'est-à-dire qu'on redoute un corps sous prétexte qu'il est artificiel, et qu'on accorde un blanc-seing à tel autre sous prétexte qu'il est naturel. Dans toutes ces questions au sujet desquelles on fait généralement trop de sentiment et pas assez d'expériences, l'expérimentation seule doit trancher.

Or, à pouvoir colorant égal, il n'est pas douteux que les baies de sureau ou d'hièble sont plus nuisibles que le sulfoconjugué de la fuchsine. Qu'on remarque bien en effet qu'on ne met pas seulement dans le vin la matière colorante du sureau, on met la baie tout entière. Mais ne sait-on pas que ces baies sont purgatives? Et les baies de phytolacca, qui ont été employées pour les vins, ne sont-elles pas purgatives aussi?

Comment agit à la longue sur des estomacs maladifs, que nous prendrons comme pierre de touche, la cochenille dite *préparée* du commerce, *cochenille ammoniacale*, cochenille renfermant des ingrédients aussi mal connus comme nature que comme action physiologique?

Et cependant, par une inconséquence inexplicable, ces procédés de coloration sont réputés inoffensifs, et les commissions d'hygiène de sanctionner [1].

Nous estimons que cette question de coloration artificielle des vins est généralement mal appréciée.

Les hygiénistes disent aujourd'hui :

Les vins colorés par les colorants de la houille sont nuisibles à la santé; les vins colorés par les colorants naturels sont inoffensifs.

C'est là l'opinion qui a cours en hygiène, qui a cours dans le public, acceptée par la plupart des experts, acceptée par les magistrats.

Et cependant cette opinion me paraît erronée; elle ne peut servir de base à un jugement en correctionnelle.

Il est mieux de dire : *Toute coloration artificielle de vin doit rentrer dans le groupe des falsifications nuisibles à la santé.*

---

[1] Voir BERGERON, *Rapport sur les propriétés toxiques de la fuchsine non arsenicale* (*Recueil des travaux du Comité consultatif d'hygiène*, 1878, t. VII, p. 321).

A l'expérimentation d'apprécier le degré de nocuité.

On ne peut confondre à ce point de vue tous les colorants artificiels et tous les colorants naturels. Ce serait trop commode. Confondre tous les rouges de la houille entre eux parce qu'ils sont rouges, c'est confondre l'action de tous les alcaloïdes végétaux parce qu'ils sont tous blancs et cristallisés. Dans une expertise médico-légale il faut être net et précis et ne pas obéir à de pareils préjugés.

Nous disons qu'en principe toute coloration artificielle de vin par n'importe quel colorant doit rentrer dans le groupe des falsifications nuisibles à la santé. Nous parlons en effet dans le sens de la loi.

Que disait le rapporteur de la loi de 1851 ?

« Si le breuvage n'est pas malfaisant d'une manière actuelle et positive, il *est nuisible d'une manière négative*, en ce que le mélange dérobe à cette boisson une partie de l'effet réparateur que promettaient son nom et son prix. »

Si la matière colorante du vin , substance tonique comme les tannins ses analogues, est remplacée par le rouge Bordeaux, il y a évidemment falsification nuisible, aux termes de la loi.

On conviendra aussi qu'il y a nocuité et nocuité, et que la peine doit être proportionnée au délit.

D'autre part l'application sévère de la loi se comprend. Elle veut que lorsqu'on donne à un enfant, à un malade, une boisson tonique, nutritive, réparatrice, on ne le trompe pas, on ne lui donne pas une boisson colorée, mouillée, manipulée de cent façons, qui n'a plus les mêmes vertus et peut même être plus ou moins indigeste. La santé publique qui retire de si larges bénéfices de la consommation d'un bon vin naturel pâtira évidemment de la consommation d'une boisson de qualité inférieure, détériorée, dénaturée.

Neuf fois sur dix, ne l'oublions pas, la coloration artificielle des vins couvre, comme le pavillon couvre la marchandise, les mélanges souvent les plus insalubres, où les alcools impurs servant au vinage se marient avec les extraits glycérinés de toutes provenances, mêlés d'acide tartrique en excès ou d'autres acides.

La coloration artificielle des vins est moins nuisible par elle-même généralement que par les méfaits qu'elle masque et dissimule. La quantité de colorant ajoutée à un vin est limitée par sa nature même : une coloration intense est obtenue avec de très petites doses, tandis que les additions d'alun, de tannin, de glycérine, d'acide salicylique au vin sont moins limitées et sont autrement dangereuses en principe.

Si l'addition d'une matière colorante au vin est si redoutée comme nuisible par elle-même, l'imagination y est pour beaucoup. On boira plus facilement une solution incolore pouvant recéler le poison le plus redoutable qu'un verre d'eau colorée avec quelques milligrammes de sulfo de fuchsine. Il semble que le rouge porte avec soi l'enfer. Et le bleu, donc ! Tous les sels de cuivre des laboratoires vous passent par l'esprit.

Présentez dans un cours public un litre d'eau colorée avec quelques milligrammes de sulfoconjugué de fuchsine, et dites : Voilà ce qu'on nous fait boire aujourd'hui ; vous ferez frémir votre auditoire. Montrez un petit flacon contenant 1 gramme d'aconitine. Vous aurez de la peine à ébranler quelqu'un. Les colorants troublent l'imagination : il semble que leur puissance colorante renferme une puissance diabolique. Ce n'est pas pour grâcier la coloration artificielle des vins, cette pratique détestable, que j'appelle l'attention sur ces préjugés, c'est pour que l'homme de science sache s'en dégager lorsqu'il témoigne devant la justice, c'est pour qu'il évite ces considérations déclamatoires toujours faciles, qui peuvent avoir gain de cause devant une galerie incompétente, mais seraient mal accueillies dans une société savante.

Dans tous les cas, la coloration artificielle, nous le répétons, est une manipulation dangereuse, puisqu'elle peut couvrir des produits dangereux.

On a pensé, au milieu des falsifications nombreuses et croissantes que subissent les vins, de frapper la coloration artificielle par un article de loi unique et précis.

M. Salis a déposé à la Chambre, le 6 avril 1886, une proposition tendant a la répression et à la suppression de la fabrication et de la vente de matières colorantes destinées à la coloration artificielle des vins.

Voici le texte de cette proposition :

Article premier. — Sont formellement prohibées la fabrication et la vente des matières et substances colorantes destinées à la coloration artificielle des vins.

Art. 2. — Les contrevenants au précédent article seront punis d'une amende de 100 à 5,000 francs et d'un emprisonnement de quinze jours à deux ans.

Art. 3. — Un règlement d'administration publique déterminera les produits similaires, conformément à la liste qui en sera dressée tous les six mois par le Comité consultatif d'hygiène.

Ce projet de loi me paraît insuffisant. Il frappera à coup sûr les fabricants de colorants pour vins, qui sollicitent le commerce à l'aide de la réclame, mais il ne frappera pas le falsificateur lui-même.

Ce dernier achètera des couleurs chez n'importe quel fabricant de produits chimiques, sous prétexte de teindre sa laine ou sa soie ; il emploiera le produit pour teindre son vin. Et la loi nouvelle, qui a la prétention d'enrayer la coloration artificielle, ne l'atteindra pas.

Si on doit faire une loi nouvelle, que l'article fondamental soit ainsi conçu :

« Quiconque vendra du vin coloré artificiellement sans le déclarer sur facture au consommateur sera puni, etc., etc. »

C'est la seule façon logique de mettre une entrave à cette manipulation qui est la préface ou la conclusion, comme on voudra, de fraudes autrement graves.

PREMIÈRE PARTIE

ÉTUDE TOXICOLOGIQUE
SUR LES PRINCIPAUX COLORANTS DE LA HOUILLE
EMPLOYÉS POUR LES VINS

CHAPITRE PREMIER

HISTORIQUE

Les colorants de la houille semblent avoir fait leur apparition dans les vins avec la fuchsine, il y a environ une dizaine d'années. Quelques procès en correctionnelle furent l'occasion de recherches sur la nocuité de ce colorant. Hygiénistes et toxicologistes se sont demandé si l'usage continu de vins ainsi colorés pouvait déterminer des troubles graves dans la santé. Des expériences furent instituées. MM. Clouet et Georges Bergeron firent prendre à des chiens jusqu'à 20 grammes de fuchsine par jour sans qu'ils parussent incommodés. En six jours ils administrèrent à un chien 65 grammes et sans effet, à un homme $3^{gr},5$ en huit jours sans qu'il parût en souffrir. De là les conclusions émises par ces auteurs :

« 1° La fuchsine, débarrassée de toute matière étrangère, bien purifiée, sans trace d'arsenic, est une substance inoffensive, même à forte dose;

« 2° Cette fuchsine, toujours à la condition qu'elle soit bien purifiée, est tout aussi inoffensive pour colorer des produits de consommation que pourraient l'être de la cochenille, de l'orseille, de l'indigo ;

« 3° Au point de vue de l'hygiène publique, ce qu'il faudrait proscrire, c'est non pas l'emploi pour colorer les vins d'une matière bien préparée avec des produits purifiés, mais toute fabrication clandestine dans laquelle on se servirait de fuchsine impure et pouvant contenir de l'acide arsénique. Là est le danger, et sans aller aussi loin qu'Husemann et croire que plusieurs personnes pourraient être ainsi empoisonndées, nous pensons qu'il peut en résulter des accidents sérieux [1]. »

Les expériences que nous venons de citer nous ont paru avoir été exécutées dans des conditions d'expérimentation convenable L'ingestion par le tube digestif avec l'alimentation est plus rationnelle que la méthode adoptée par MM. Feltz et Ritter [2] qui introduisent artificiellement dans l'estomac de deux chiens une solution aqueuse de fuchsine pendant plusieurs jours de suite, et qui déterminent ainsi de la diarrhée, de l'albuminurie. Ils auraient procédé avec de simples solutions salines de chlorure de sodium ou de sulfate de soude, qu'ils auraient pu déterminer aussi des accidents diarrhéiques et d'autres phénomènes, tels que l'amaigrissement.

Il faut se mettre dans des conditions d'expé-

[1] G. BERGERON et CLOUET, *Sur l'innocuité absolue d. mélanges colorants à base de fuchsine pure (Annales d'hygiène et de médecine légale*, 1876, t. XLVI, p. 183).

[2] FELTZ et RITTER, *Recherches expérimentales sur l'action de la fuchsine introduite dans l'estomac et dans le sang (Annales d'hygiène*, 1876, t. XLVI, p. 541).

rimentation aussi normales que possible pour tirer des conclusions irréprochables. A un animal qui n'a pas soif on n'ingurgite pas impunément une solution même de substances inertes.

MM. Feltz et Ritter ont constaté à la suite de cette absorption de la fuchsine une vive irritation de la gueule et du museau. La fuchsine qu'ils ont employée était-elle bien exempte de matières étrangères, aniline, toluidine, etc.? Comment ces phénomènes n'ont-ils pas d'ailleurs apparu dans les recherches de MM. Clouet et G. Bergeron?

Ces études mériteraient à coup sûr d'être reprises. Nous ne les avons pas abordées dans la suite de notre travail, étant donné la rareté des vins fuchsinés rencontrés aujourd'hui. La fuchsine n'est plus employée, en raison sans doute de la facilité avec laquelle on peut la déceler dans les vins; elle a été remplacée par son sulfoconjugué.

Si on se place sur le terrain de l'hygiène, frapper d'ostracisme cette fuchsination des vins est la règle sage à suivre, et on comprend très bien les conclusions du professeur A. Bouchardat :

« Si l'on n'est pas immédiatement empoisonné par un vin fuchsiné, au moins doit-on redouter *a priori* la continuité de l'usage d'une pareille boisson [1]. »

C'est l'hygiéniste qui parle, l'hygiéniste réservé, prudent.

Cette prudence a été sagement imitée par les membres du Comité consultatif d'hygiène de France. MM. Wurtz, Fauvel, Bussy, Proust et J. Bergeron ont été chargés de rédiger un rapport sur les propriétés toxiques de la fuchsine non arsenicale [2], à la suite de nombreuses saisies de vins fuchsinés et d'arrêts rendus par divers tribunaux, et en particulier à la suite de divergences qui s'étaient produites entre les experts concernant la toxicité de la fuchsine.

Ces savants déclarent nettement que pour

[1] A. BOUCHARDAT et CH. GIRARD, *Les vins colorés par la fuchsine (Bull. gén. de thérap.,* 15 oct. 1876, p. 289).

[2] J. BERGERON, *Rapport sur les propriétés toxiques de la fuchsine non arsenicale (Recueil des travaux du Comité consultatif d'hygiène,* 1878, t. VII, p. 321).

2.

savoir si la fuchsine est inoffensive ou non, et résoudre cette question d'une manière décisive, *il faudrait avoir recours à l'expérimentation* (p. 324 et 325).

Mais ils regrettent que le Comité d'hygiène ne puisse mettre à exécution ce projet, faute d'être outillé et organisé pour conduire à bien des expériences minutieuses qui demandent à être répétées dans des conditions très variées. La commission renvoie le Ministre au laboratoire du Collège de France, ou à celui de la Faculté de médecine, pour les études expérimentales. Elle s'en tient à des considérations d'ordre moral qui lui paraissent suffisantes pour juger la question (voir page 326). Elle a charge de la santé publique ; aussi, comme M. A. Bouchardat, elle fait acte de préservation et demande une garantie contre les pratiques dangereuses par la répression sévère de toutes les pratiques suspectes (page 329).

Elle présente finalement les conclusions suivantes :

1° La matière colorante du vin, indépendamment du tannin et de l'œnanthine qu'elle paraît retenir, doit à sa composition propre de contribuer aux propriétés toni-nutritives des vins rouges. Elle n'est donc pas seulement une teinture, elle est un élément utile que le travail de vinification associe intimement aux autres principes provenant directement de la grappe ou engendrés par la fermentation.

2° Aucune des substances employées par le commerce pour relever la couleur des vins rouges ou colorer les vins blancs ne possède les propriétés de la matière colorante produite par la grappe, aucune ne peut ajouter au vin la moindre qualité ; toutes l'altèrent, au contraire, en ce sens que, dans les opérations que leur emploi a pour but de favoriser, c'est-à-dire le mouillage des vins rouges et la coloration des vins blancs, pour l'une, elles se substituent à une certaine proportion de la matière colorante naturelle du vin, et la remplacent complètement pour l'autre, au détriment du consommateur dans les deux cas.

J'approuve pleinement ces deux conclusions

de la commission, qui envisagent finalement la coloration artificielle des vins comme nuisibles à la santé d'une façon générale. Je comprends moins bien la suite de ces conclusions.

La plupart de ces couleurs artificielles, ajoute la commission, celles, par exemple, qui proviennent de la mauve noire, des baies de sureau, des baies de l'airelle myrtille, de la betterave rouge, du bois de campêche, ou de la cochenille, sont inoffensives, c'est-à-dire que si, comme toutes les teintures, elles diminuent la qualité du vin, *du moins elles ne lui donnent aucune propriété nuisible.*

La couleur qui est extraite des baies du phytolacca, dit-elle encore, plus connues sous le nom de baies du Portugal, contient au contraire un principe drastique qui les a fait abandonner peu à peu par le commerce des vins.

Il me semble que la commission est allée trop loin en avançant que l'addition de teintures végétales au vin ne *lui donne aucune propriété nuisible.* Est-ce que les baies du sureau ou d'hièble, comme l'a fait remarquer M. A.

Gautier, n'ont pas, à certaines doses, quelques propriétés purgatives ?

Est-on bien certain que le bois de campêche n'ait pas des inconvénients à la longue sur la santé ? A-t-on des expériences à l'appui ? Et la cochenille ammoniacale, dite *cochenille préparée* du commerce, prise tous les jours à petites doses dans un vin, ne peut-elle pas produire des effets fâcheux soit sur l'homme sain, soit sur l'homme malade.

Que ces couleurs végétales soient utilisées pour les boissons ou denrées artificielles appelées à être consommées accidentellement (sirop, gelées, liqueurs), il n'y a aucun inconvénient. Il est démontré que ces couleurs ne sont pas vénéneuses. Mais les envisager comme absolument inoffensives dans un vin c'est aller trop loin, il me semble.

Le comité consultatif d'hygiène, ayant un rôle préservateur protecteur de premier ordre vis-à-vis de la santé publique, doit proscrire un produit suspect, même avant toute expérimentation. Il nous excusera de lui reprocher de ne pas avoir poussé la sévérité jusqu'au bout et de ne pas avoir accompagné la quatrième conclusion de son savant rapport de considérants moins indulgents pour les colorants végétaux.

Nous arrivons à la cinquième conclusion de la Commission.

5° Quand à la fuchsine, qui aujourd'hui, en raison de sa puissance tinctoriale et de la modicité de son prix, tend à remplacer toutes les autres teintures destinées à la coloration des vins, non seulement elle est manisfestement toxique lorsqu'elle renferme de l'arsenic, et la plupart des caramels de teinture livrés au commerce en contiennent une notable proportion, mais en outre, lorsqu'elle est complètement débarrassée de ce poison, elle est encore nuisible, en ce sens, d'une part, qu'elle altère la qualité du vin d'une manière plus sérieuse que les autres couleurs artificielles, et d'autre part qu'aux doses où elle est généralement introduite dans le vin, elle paraît capable, sinon de produire immédiatement des accidents d'empoisonnement, du moins d'amener, au bout d'un laps de temps encore indéterminé, des troubles fonctionnels et même des altérations organiques de nature à compromettre la santé du consommateur.

Ici la commission m'excusera de ne pas donner pleine approbation à ses conclusions. Qu'elle proscrive la fuchsine comme suspecte, très bien ; qu'elle soit d'avis de faire rentrer les vins fuchsinés dans les falsifications nuisibles, très bien encore. Mais qu'elle décrive les phénomènes que produit la fuchsine, sans avoir fait elle-même aucune expérience, et en présence des données contradictoires de la science, il me semble que c'est sortir de la sage réserve que commande le véritable esprit scientifique.

Ces réflexions de détail n'atteignent d'ailleurs en rien les sult ats pratiques que poursuivait la commission. Elle voulait une application sévère de la loi contre les vins fuchsinés.

Après la lecture de son savant rapport, le ministre ne devait avoir aucune hésitation à adresser à la justice les prescriptions les plus formelles [1].

Depuis l'apparition de la fuchsine dans les vins, de nombreux colorants de la houille ont fait à leur tour leur apparition dans la falsification.

La fuchsine a été remplacée par son sulfo-conjugué, par les azo-dérivés. Nouveaux problèmes proposés à la sagacité des toxicologistes.

Avant les recherches entreprises avec mon savant collègue le professeur Lépine, recherches que nous publions dans le cours de ce travail, on n'avait pas fait d'études méthodiques sur les principaux colorants dérivés de la houille, employés pour les vins [2], et surtout sur les azo - dérivés.

L'azobenzol et le diazobenzol, qui paraissent seuls avoir été étudiés avant nos travaux, si nous nous en rapportons au *Traité de toxicologie* récemment paru du docteur Lewin, pri-

---

[1] Voir *Recueil des travaux du Comité consultatif d'hygiène publique de France*, t. VII, 1878, p. 321, 337.

[2] Voir *Comptes rendus de l'Académie des sciences*, 23 octobre 1885, 16 novembre 1885, décembre 1885.

vat-docent à l'Université de Berlin [1], sont des corps nuisibles et même toxiques.

Les azoïques employés pour les vins n'ont pas été abordés.

La science possède assurément quelques renseignements sur les couleurs dérivées de la houille, mais ils ont trait plus spécialement aux corps voisins de la fuchsine.

Le docteur Sonnenkalb, à la suite d'expériences sur les couleurs d'aniline, écrivit, il y a quelques années, un Mémoire très remarqué dans lequel il conclut au danger spécialement des impuretés qui imprègnent les couleurs. Les sels de mercure, les arsenicaux, les sels d'étain, sont particulièrement à craindre.

Quant aux colorants eux-mêmes, ils ne sont pas vénéneux, surtout si on tient compte de leur puissance colorante extraordinaire qui limite forcément leur usage.

L'interdiction absolue d'employer ces couleurs serait d'une exécution bien difficile, dit

---

[1] *Lehrbuch der Toxicologie.* Wien und Leipzig, 1883.

le D' Sonnenkalb [1] ; les avertissements seraient parfaitement inutiles. Il propose, en conséquence, de prescrire aux industriels, sous une peine déterminée, de ne livrer, pour la teinture des substances alimentaires, que des couleurs entièrement privées de métal toxique. On exigerait sur les enveloppes contenant la couleur le nom du fabricant, et cette mention : *Garanti exempt de poison.*

Les D'[s] Eulenberg et Vohl, à Coblentz, ont conclu comme le D' Sonnenkalb. Se plaçant sur le terrain de l'hygiène, ils redoutent surtout les impuretés dans les colorants de la houille et leurs combinaisons avec des acides toxiques (acides arsénique, arsénieux, picrique).

Les couleurs d'aniline pure ne sont pas vénéneuses [2].

On se rappelle à ce propos les conclusions de Tardieu et Roussin sur l'action irritante de la

---

[1] SONNENKALB, *Anilin und Anilinfarben.* Leipzig, 1864.
[2] *Annales d'hygiène et de médecine légale*, 1865, t. XXIV, p. 233.

coralline qu'ils comparaient à celle du croton tiglium.

Landrin vint ensuite avec un ensemble imposant d'expériences prouver que la coralline est innocente par elle-même, et que les accidents signalés par Tardieu et Roussin sont imputables à l'arsenic qui peut la souiller dans certains cas [1].

Au mois de juillet 1885, M. Poincaré, professeur d'hygiène à la Faculté de médecine de Nancy, a publié un travail d'ensemble sur les dangers de la fabrication et de l'emploi des couleurs d'aniline [2].

L'auteur semble s'être préoccupé surtout des dangers de leur fabrication.

Il a étudié, en effet, beaucoup de matières dérivées plus ou moins immédiatement du goudron, qui ne sont pas des matières colorantes,

[1] TARDIEU et ROUSSIN, *Mémoire sur la coralline* (*Annales d'hygiène*, 1869, t. XXXI, 2e série, p. 257). Dr LANDRIN, *Académie des sciences*, 28 juin 1869.

[2] POINCARÉ, *Recherches expérimentales sur les couleurs d'aniline, dangers de leur fabrication et de leur emploi* (*Annales d'hygiène*, 1885, t. XIV, p. 21).

et dans son historique il rappelle les travaux sur la toxicité de l'aniline, ce qui indique bien l'esprit qui l'a guidé dans son travail.

Il a abordé l'étude de quelques matières colorantes seulement. Nous citerons la safranine, le violet d'Hoffmann, la chrysoïdine. Nous nous permettrons de regretter que l'auteur n'ait pas mieux désigné des couleurs qu'il appelle le bleu, le jaune, l'orangé, le vert. On ne sait quel produit chimique il envisage. Les bleus, les jaunes, les orangés, les verts, sont extrêmement nombreux aujourd'hui dans le commerce. Il est très important de distinguer ces corps par leur véritable composition chimique, et même leur constitution, étant donné les cas fréquents d'isomérie.

Certaines conclusions dans ce travail sont en désaccord avec nos observations personnelles. Le bleu méthyle ne serait pas toxique du tout. Est-ce le bleu de méthylène que M. Poincaré a voulu désigner? Je regrette que l'auteur n'ait pas donné la formule chimique. Le bleu de méthylène est envisagé en Allemagne comme toxique. Il nous a paru également nuisible sans être un toxique violent. Injecté dans le torrent circulatoire à faibles doses il tue. Administré par le tube digestif il détermine, à la dose de 1 gramme chez un chien de 10 kilogrammes des phénomènes gastro-intestinaux au début. Peu à peu le chien paraît mithridatisé et supporte alors le bleu plusieurs mois. Je n'oserai pas le tolérer pour les denrées alimentaires.

La safranine a paru donner à M. Poincaré des accidents toxiques assez rapides. Nous n'avons pas observé une toxicité si grande. Il est vrai que sous le nom de safranine on trouve dans le commerce des produits variables comme composition.

La fuchsine aurait donné à M. Poincaré des accidents assez intenses, puisque la mort est survenue avec de petites doses au bout de sept jours. Ces résultats sont en contradiction avec les expériences de MM. Clouet et Georges Bergeron. La fuchsine de M. Poincaré était-elle pure ? Et quelle fuchsine a été employée ?

Je ferai la même objection aux recherches de MM. Clouet et G. Bergeron On ne sait pas exactement à quel produit chimique on a affaire.

On conviendra que cette incertitude sur la nature exacte des produits chimiques employés est une source de confusion regrettable.

Une simple remarque en passant.

Comment se fait-il qu'on parait beaucoup mieux s'entendre entre savants sur la toxicité des alcaloïdes naturels? Cela tient en grande partie à ce qu'on a suivi les conseils de Claude Bernard qui voulait qu'on opérât sur des produits chimiques parfaitement définis. Il serait utile, pour cette question des matières colorantes, si grave au point de vue de l'hygiène et au point de vue médico-légal, qu'on expérimentât toujours avec des espèces chimiques définies, d'une pureté reconnue ou d'une impureté reconnue, suivant que l'hygiène a intérêt ou non à apprécier ces deux conditions.

Depuis quatre ou cinq ans le sulfoconjugué de fuchsine (fuchsine S), les rouges, les jaunes et orangés azoïques sont très utilisés. En 1882 M. Pabst signalait l'apparition des azo-dérivés dans les vins [1].

Au point de vue expérimental la science est muette sur la toxicologie de ces composés, dont l'usage n'a fait que grandir.

On sait de longue date que les dérivés nitrés sont toxiques. Est ce que les azoïques, qui ont dans leur constitution deux atomes d'azote sous une forme spéciale, qui n'ont pas d'analogues dans la nature, ne sont pas à redouter ? *A priori* l'hygiène commandait de les envisager comme suspects. Il était cependant utile de s'adresser à l'expérimentation pour formuler une idée plus nette sur la valeur hygiénique de la consommation de ces produits.

Nous osons espérer que les expériences que nous publions plus loin, exécutées avec notre collègue M. Lépine, professeur de clinique

---

[1] Pabst, *Recherche des dérivés azoïques dans les substances alimentaires (Annales d'hygiène et de médecine légale*, t. VII, 1882, p. 62).

médicale, commenceront à jeter quelque jour sur la question.

Assurément nous n'avons pas épuisé, il s'en faut, tous les côtés de l'investigation physiologique et toxicologique. Du moins avons-nous pu préciser le degré de nocuité de ces produits sur lesquels on savait peu de chose.

CHAPITRE II

RECHERCHES EXPÉRIMENTALES

I

Utilité de ces recherches.

Mon collègue le professeur Lépine et moi
avons institué des expériences sur l'action
physiologique de quelques matières colorantes
très utilisées pour les vins, afin de fixer la
science sur les dangers réels qu'il peut y avoir
à consommer tel ou tel produit quotidiennement,
à hautes ou à petites doses.

Quelques hygiénistes n'ont pas vu ces recherches d'un bon œil. Ils nous ont fait part de

leurs craintes que nos décisions sur le caractère inoffensif de telle ou telle couleur n'encourageassent les falsifications. On nous permettra de déclarer que cette appréciation est plus spécieuse que fondée. Nos conclusions arrivent au milieu d'un véritable débordement de consommation de ces couleurs. C'est par milliers de kilogrammes que les dérivés de la houille sont versés dans le commerce pour les vins, et cela sans que personne soit fixé sur l'innocuité de ces produits. On se préoccupe seulement de ne pas livrer les couleurs arsenicales. Ce n'est pas suffisant.

Le danger le plus pressant réside tout entier dans l'ignorance où l'on se trouve de la nocuité ou de l'innocuité de tel ou tel dérivé.

Le premier devoir de l'hygiéniste avant d'aider la justice à entraver les falsifications, c'est de crier gare à ceux qui falsifient et de leur demander de ne pas nous empoisonner.

Nos recherches auront l'avantage d'éviter quelques méprises, qui pourraient être graves pour le consommateur, en indiquant où est le véritable colorant dangereux. Et nos conclusions, empreintes d'une juste sévérité co ntre la coloration artificielle des vins en général, suffiront à montrer que nous n'hésitons pas à condamner ces manipulations frauduleuses.

Nous faisons donc œuvre utile au contraire en publiant ces expériences.

II

Méthodes employées.

Dans ces recherches expérimentales, dont quelques-unes ont été publiées à l'Académie des sciences[1], nous avons eu recours principalement à la voie stomacale pour étudier l'action des colorants de la houille. Tantôt la substance était mise en poudre dans la bouche, tantôt elle était dissoute dans la soupe. Ce dernier mode nous a paru le plus physiologique.

Nous avons pratiqué parfois l'injection sous-cutanée chez le cochon d'Inde.

[1] 1885 et 1886.

Nous avons fait également des injections intra-veineuses, non pas que nous soyons porté à tirer des conclusions absolues, au point de vue de l'hygiène des résultats obtenus, suivant ce mode opératoire spécial. Il est en effet démontré que telle substance qui tue ou donne des accidents graves, injectée dans le torrent circulatoire, est au contraire parfaitement tolérée pour le tube digestif, soit que cette substance ne s'absorbe pas, soit qu'elle éprouve des modifications profondes sous l'action des sucs digestifs.

L'injection dans le torrent circulatoire a du moins cet avantage de permettre de classer les substances au point de vue de la toxicité, d'établir une échelle de nocuité en quelque sorte, qui permettra peut-être quelque rapprochement intéressant entre l'action physiologique et la constitution chimique du colorant.

Nous avons interrogé parfois les animaux inférieurs, poissons, grenouilles, à titre de curiosité. Nous ne prétendons pas en tirer des déductions pour l'homme, surtout lorsqu'il s'agit des intérêts graves de l'hygiène. Ces expériences permettent, dans certaines limites, d'établir la toxicité en comparaison avec des poisons connus.

Lorsque nos études chez les animaux nous ont permis de conclure à une grande tolérance pour l'organisme, nous avons fait des essais chez l'homme sain et l'homme malade.

Moi-même ai ingéré quelques-uns de ces colorants à des doses variant de 25 centigrammes à 50 centigrammes. Ces mêmes colorants ont été administrés à des malades albuminuriques, dans le service de clinique de mon collègue, le professeur Lépine.

On cherche encore des moyens thérapeutiques pour ces malades. En Allemagne on a préconisé la fuchsine, comme pouvant avoir sur les reins une action irritante substitutive heureuse. Je crois même que l'expérience a démontré que la fuchsine était peu efficace. Les autres colorants auraient-ils une action plus active ? Un intérêt thérapeutique s'attachait donc à ces essais sur l'homme ; nous étions convaincu d'ailleurs que ces colorants tolérés à hautes doses, sans aucun phénomène sur les animaux, ne devaient produire aucun accident chez l'homme.

III

Action du rouge soluble.

SULFOCONJUGUÉ DE LA ROCELLINE

Ce composé est un corps nettement défini, correspondant à la formule :

$$C^{10}H^6 \left\{ \begin{array}{c} SO^3\,Na \\ N = N \\ OH \\ SO^3\,Na \end{array} \right\} C^{10}H^6$$

Il se produit par l'enchaînement des réactions suivantes. On sulfoconjugue la naphtylamine; on fait ainsi l'acide naphthionique.

Ce dernier diazoïqué répond à la formule :

$$C^{10}H^6 < \begin{array}{c} SO^3 \\ \diagdown \\ N = N. \end{array}$$

On le combine au β-naphtol. Enfin on le sulfoconjugue et on le combine à la soude.

Nous insistons avec intention sur ces réactions pour bien préciser la nature du composé que nous avons examiné.

Les études toxicologiques n'auront de l'importance qu'autant qu'elles porteront sur des corps nettement définis et non sur des mélanges colorants fréquents dans le commerce et qui ont reçu des dénominations de convention.

Nous avons fait des expériences sur les animaux et recueilli des observations chez l'homme.

Première expérience. — Une chienne de chasse du poids de 21^{kg},500 a pris par la bouche, du 27 juillet au 28 août, 0^{gr},50 de rouge soluble, soit 0^{gr},0232 par kilogramme de son poids. Elle est soumise à une alimentation mixte, lait, viande et pain. Aucun phénomène n'a apparu, ni vomissement, ni diarrhée. Appétit conservé. Pas d'albumine dans les urines, selles normales, parfois légèrement verdâtres.

Pendant vingt jours, du 27 août ua 16 septembre, la dose a été portée à 2^{gr},15, soit 0^{gr},10 par kilogramme de son poids. Aucun phénomène n'apparaît.

Pendant huit jours, du 16 au 24 septembre, la dose de rouge soluble a été de 4^{gr},3, soit 0^{gr},20 par kilogramme de son poids.

La dose est élevée ensuite à 5 grammes pendant dix jours, puis à la dose de 10 grammes pendant cinq jours, sans aucun phénomène (soit 0^{gr},50 par kilogramme).

Ajoutons que cette chienne, pendant ce traitement, allaitait un petit qui s'est parfaitement porté.

Deuxième expérience. — Un porc blanc du poids de 21^{kg},500 a pris avec sa nourriture pendant vingt jours 2^{gr},10 de rouge soluble, puis pendant huit jours 4^{gr},20, puis pendant dix jours 5 grammes, puis 10 grammes pendant ce même espace de temps, et enfin 20 grammes pendant deux jours. La nourriture fortement colorée en rouge ne rebute pas l'animal.

Aucun phénomène appréciable n'est constaté. L'appétit vorace est conservé. Ni vomissement, ni diarrhée; selles normales, urines sans albumine et non colorées.

Le rouge soluble a été évidemment absorbé à la dose de 20 grammes, puisqu'on n'en a rencontré

aucune trace dans les selles. Cette quantité correspond à près d'un gramme par kilogramme du
poids de l'animal.

Troisième expérience. — On infuse à une
chienne, race croisée, du poids de 8 kilogrammes
dans le bout central de la veine fémorale, 100 centimètres cubes d'eau salée (solution normale à
7 grammes pour 1000), température 38°, renfermant 1 grammes de rouge soluble, soit 0^{gr},125
par kilogramme du poids de l'animal,

Pas d'accélération du cœur ; seulement légère
accélération de la respiration, comme lorsqu'on
infuse simplement de l'eau salée. Coloration mani-
festement rouge des muqueuses, tenant à l'injection
des capillaires par le colorant.

Cinq minutes après, nouvelle infusion semblable.
Aucun phénomène n'est constaté, si ce n'est l'augmentation de la coloration des muqueuses. L'urine
rendue une heure après est rouge foncé. Pas
d'albumine. Le lendemain l'urine est encore très
colorée ; elle n'est pas albumineuse. Le surlende-
main, la coloration diminue pour disparaître les
jours suivants. L'état général de l'animal est
excellent.

Quatrième expérience. — Chienne de 15 kilogrammes portant une canule dans les uretères. On

lui infuse dans le bout central de la veine fémorale 250 centimètres cubes de solution salée normale à 38°, renfermant 5 grammes de rouge soluble. En moins d'une minute l'urine qui coulait colorée normalement devient rouge foncé. Les téguments ainsi que les muqueuses sont vivement colorés. On ne constate aucun autre phénomène physiologique appréciable. L'urine n'a pas été examinée au point de vue de l'albumine, l'opération des uretères provoquant souvent l'albuminerie.

Cinquième expérience. — Cette expérience a été pratiquée sur les poissons, dont on connaît la sensibilité pour certains réactifs chimiques.

Deux petites dorades, sorties récemment de l'eau courante, ont été mises dans 12 litres d'eau ordinaire renfermant en solution 6 grammes de rouge soluble. La solution est changée tous les deux ou trois jours. Au bout de six jours la dose a été portée à 12 grammes.

Les dorades ont vécu un mois dans ce milieu sans paraître en être incommodées. Elles étaient nourries avec des fragments d'hosties qui s'imprègnent forcément de matière colorante avant l'ingestion. On remarquera les conditions défavorables de l'expérience, puisque la substance chimique ne peut être éliminée, et cependant la vie est possible dans ces conditions. Nous avons remarqué que les organes de ces poissons n'étaient pas teints par la matière colorante.

Expérience d longue échéance. — Chien de chasse barbillot blanc du poids de 18^{kg},500, âgé de cinq à six ans environ, prend tous les jours dans sa soupe pendant quatre mois 1^{gr},85 de rouge de roccelline, soit 0^{gr},1 par kilogramme de son poids.

Chaque mois l'animal est pesé et ses urines sont examinées. Chaque jour l'animal est observé au point de vue des vomissements, de la diarrhée, de l'allure générale.

On n'a constaté aucune espèce de phénomène ni du côté du tube digestif ni du côté des urines. L'appétit était absolument conservé.

L'animal pesé avant d'être sacrifié avait augmenté de poids : il pesait 20^{kg},900.

A l'autopsie on a constaté tous les organes normaux sans aucune espèce de coloration. Le rouge soluble est brûlé dans l'économie. Les urines sont incolores.

Il serait intéressant de connaître les produits de sa transformation. Nous poursuivons ces recherches.

Nous avons recueilli plusieurs observations chez l'homme.

Première observation. — J'ai ingéré pendant quinze jours de suite 1 gramme de rouge soluble dissous dans du vin. Aucune espèce de phénomène n'a été constatée. Le colorant a été absorbé et transformé.

Deuxième observation. — X..., âgé de vingt-cinq ans, atteint de néphrite albumineuse, a pris pendant six jours du rouge soluble, d'abord à la dose de $0^{gr},50$ pendant trois jours, puis de 1 gramme pendant deux jours, puis de 2 grammes pendant un jour. Le dernier jour le malade s'est plaint d'un peu de colique sans diarrhée. On a cessé l'administration du produit. La quantité d'urine excrétée par jour n'a pas été modifiée (2 litres). La quantité d'albumine, $0^{gr},4$ pour 100, n'a pas augmenté.

Nous regardons comme absolument accidentel et indépendant de l'administration du produit le phénomène constaté finalement par le malade. Les trois observations suivantes en sont la preuve :

Troisième, quatrième et cinquième observations. — Trois malades atteints de maladie de

Bright, dont l'urine renfermait de 1 gramme à 5 grammes d'albumine par litre, ont pris pendant huit jours 1 gramme de rouge soluble. L'albuminurie n'a pas paru influencée. Aucun phénomène subjectif appréciable n'a été constaté.

Sixième observation. — Un homme de trente ans, atteint de sclérose en plaques, dont les organes urinaires sont sains, a pris un jour 4 grammes de rouge soluble, puis un autre jour 6 grammes, sans aucun effet physiologique.

Septième observation. — Un malade hypocondriaque a pris 6 grammes de ce colorant pendant plusieurs jours, sans aucun phénomène. Il prétendait même que ce traitement lui faisait beaucoup de bien. Il faut en conclure qu'il n'en a éprouvé du moins aucun inconvénient.

Comme dernières observations nous pourrions citer les ouvriers chargés de fabriquer ce produit dans les usines; ils sont quotidiennment exposés à des poussières sans éprouver aucun phénomène.

Et cependant ils en ingèrent forcément, tous les jours, de petites doses dans les conditions suivantes :

Ce produit est soumis à la pulvérisation dans un cylindre rotateur renfermant des boulets de fonte qui brisent en roulant les particules de matière. De temps à autre la matière se masse. L'ouvrier passe la tête par un trou d'homme et détache avec un instrument la matière massée sur la paroi. Il respire de la poussière, il avale une salive entièrement rougie, et cela plusieurs fois par jour.

Dans l'usine de MM. Guinon Picard et Jays, à Saint-Fons (près de Lyon), j'ai vu ainsi un ouvrier, le nommé Joseph Prieur, âgé de quarante-deux ans, qui depuis six ans fait ce métier-là, sans en avoir éprouvé aucun dommage. Il n'a d'ailleurs fait aucune maladie d'aucune sorte pendant ce laps de temps, ce qui prouve que ses organes ne sont pas même devenus, de ce fait, susceptibles.

Nous concluons de l'ensemble de ces expériences et observations que le sulfoconjugué sodique de la roccelline est une substance absolument dénuée de propriétés toxiques.

IV

Action du sulfoconjugué de la fuchsine.

Le produit que nous avons expérimenté est désigné encore sous le nom de fuchsine S, et sous la dénomination vicieuse de *fuchsine acide*. Cette matière colorante brévetée et fabriquée par la *Badische* parait être, quoique le procédé de fabrication soit tenu secret, du sulfate double de soude et de rosaniline sulfoconguée.

Le produit est donc différent des fuchsines ordinaires ou sels de rosaniline. Nous reviendrons sur ses propriétés, à propos de la recherche chimique dans les vins.

Nos analyses nous ont démontré que ce produit est absolument exempt de toutes traces d'arsenic. La fuchsine, produit d'origine est fabriquée sans doute par le procédé de Coupier qui supprime l'emploi de l'acide arsénique. La sulfoconjugaison ultérieure supprime les impuretés dangereuses, en ne laissant qu'une trace de sulfate de soude. L'expérimentation physiologique a donné des résultats concluants.

Nous avons fait des expériences chez les animaux. Nous avons recueilli également des observations chez l'homme.

Première expérience. — Une chienne boule, du poids de 15 kilogrammes, a pris en poudre par la bouche 1 gramme de sulfo de fuchsine pendant quinze jours, puis 2 grammes pendant cinq jours, puis 5 grammes pendant cinq jours, puis 10 grammes pendant cinq jours, sans aucun effet physiologique appréciable. Pas de diarrhée, pas de vomissements. Les urines sont restées constamment exemptes d'albumine. Elles étaient tantôt incolores, tantôt colorées en rose faible. Dans tous les cas l'addition d'un acide développe immédiatement la couleur fuchsine. Le sulfo de fuchsine ne paraît pas brûlé dans l'économie, mais simplement décomposé avec mise en liberté de la base qui réapparaît à l'état salin avec sa coloration propre, par addition d'acide. Ce fait est constant chez les animaux observés, chien, porc, et chez l'homme.

Cette chienne boule a été soumise à une alimentation mixte : lait, viande, soupe. Elle a pris souvent le colorant dissous dans du lait sans répugnance. L'appétit et l'allure gaie ont été absolument conservés.

Deuxième expérience. — Un griffon du poids de 7^{kg},350 a pris d'un seul coup, par la bouche, 10 grammes de sulfo de fuchsine en poudre, soit 1^{gr},32 par kilogramme de son poids. Aucun phénomène n'apparaît : pas de vomissements, pas de diarrhée, pas d'albumine dans les urines. Appétit et allure vive conservés. L'élimination du colorant dure quatre jours avec la modification signalée.

Troisième expérience. — Un porc blanc du poids de 25 kilogrammes a pris, pendant quinze jours, 5 grammes de sulfo de fuchsine, puis 10 grammes pendant quinze jours, puis 20 grammes pendant le même temps sans aucun phénomène. Le colorant était dissous dans la nourriture. Selles non colorées. Urines à peine rosées, souvent incolores, virant fortement au rouge par addition d'acide, comme chez le chien. Pas d'albumine. État général excellent.

Quatrième expérience. — Chien roquet de trois ans environ, du poids de 7^{kg},300, prend pendant quatre mois 0^{gr},70 de sulfo de fuchsine par jour. La matière colorante est dissoute dans la soupe. L'animal ne présente ni vomissements, ni diarrhée. Il conserve absolument son appétit, mange dès le premier jour cette soupe colorée sans hésitation. L'allure a toujours été très gaie et très vive. Le régime était la captivité dans une écurie convenablement chauffée, avec quelques sorties de temps en temps.

L'animal pesait deux mois après le commencement du régime 7^{kg},670, trois mois après 8^{kg},300, et quatre mois après, c'est-à-dire à l'époque où on a cessé l'expérience, 8^{kg},350.

Les urines étaient constamment incolores. L'addition d'acides les faisaient virer au rouge, preuve que le sel de rosaniline sulfoconjuguée se dissocie dans l'économie avec mise en liberté de la rosaniline sulfoconjuguée incolore. L'addition d'acide reconstitue le sel coloré.

Cinquième expérience. — Cette expérience a été faite pour se rendre compte de la durée de l'élimination après l'ingestion d'une forte dose, Une chienne griffon du poids de 7 kilogrammes a pris par la bouche 10 grammes de sulfoconjugué de fuchsine en poudre, d'un seul coup. Elle a bu ensuite du lait, puis mangé sa soupe. Ni diarrhée, ni vomissements. L'élimination par les urines a duré quatre jours. Pas d'albumine dans les urines. Aucun phénomène ne s'est révélé malgré cette dose énorme qui a dû s'absorber en grande partie, sinon en totalité, pour que l'élimination ait duré si longtemps. Les matières fécales renfermaient du colorant, indice que l'absorption n'avait pas été complète.

Un chien de cette taille n'aurait certainement pas supporté sans phénomènes pareille dose d'acide salicylique.

Sixième expérience. — Chienne de 12 kilogrammes. Injection dans la veine crurale de 6 grammes de sulfo de fuchsine dans 300 centimètres cubes d'eau salée à 7 pour 1000. En très peu de minutes, les muqueuses apparentes et la peau, partout où elle est fine, deviennent de couleur rose. Aucun symptôme notable, si ce n'est une très légère accélération de la respiration, comme après toute injection intra-veineuse. Pas d'accélération notable des battements du cœur. L'urine, émise moins de dix minutes après la fin de l'injection, est de couleur rosée ; sa coloration s'accentue par les acides ; elle ne renferme pas trace d'albumine, non plus que les quatre jours suivants pendant lesquels l'urine a été colorée. L'animal s'est parfaitement rétabli.

Septième expérience. — Un poisson rouge de poid de 50 grammes a vécu plus de trois semaines dans 10 litres d'eau ordinaire renfermant 10 grammes de su'fo de fuchsine. L'eau n'a pas été changée pendant ce temps ; elle était simplement aérée chaque jour à l'aide d'un courant d'air produit par une trompe. L'animal n'a pas reçu de nourriture.

OBSERVATIONS CHEZ L'HOMME : *Première observation.* — La fuchsine ayant été, comme on sait, vantée dans le traitement de la maladie de Bright, nous avons administré à un brightique 2 grammes de sulfo de fuchsine par jour pendant une semaine. Le résultat a paru nul, tant au point de vue de la diurèse que de la teneur de l'urine en albumine. Il n'y a pas eu de diarrhée ; l'urine était colorée comme chez les sujets sains.

Deuxième observation. — Un malade atteint de cirrhose du foie a pris 4 grammes de sulfo de fuchsine pendant plusieurs jours ; pas d'effet appréciable.

Troisième observation. — Un homme bien portant a pris la même dose pendant plusieurs jours ; pas d'effet appréciable.

V

Action de la safranine.

La safranine, d'après Hofmann et Geyger, paraît être une tétramine répondant à la formule $C^{21} H^{20} Az^4$, ou encore une triamidophénylamine. La safranine est un nom générique qui désigne plusieurs isomères. Elle est en effet un produit d'oxydation soit de d'amidoazotoluol, soit de l'amidoazobenzol ou encore de leurs isomères, en présence d'un excès d'aniline ou de pseudotoluidine. Il existe donc plusieurs safranines. M. Poincaré a eu entre les mains une safranine plus toxique que la nôtre. D'après les expériences de ce savant, la safranine qu'il a utilisée aurait amené la mort en quatre jours. On verra que la safranine que nous avons utilisée est moins toxique.

D'autre part l'acide arsénique intervenant souvent comme agent d'oxydation dans la fabrication, il peut constituer une impureté dangereuse.

La safranine que nous avons expérimentée
était pure d'arsenic.

Elle provenait de l'usine de MM. Guinon-
Picard et Jays, à Saint-Fons (Rhône), et le
produit commercial courant provenait de l'oxydation de l'amidoazobenzol en présence de l'aniline et de la pseudotoluidine.

Première expérience. — Un chien de chasse
race croisée, de trois ans environs, poids $12^{kg},200$
a pris pendant quinze jours $0^{gr},50$ de safranine
par ingestion buccale, puis 2 grammes pendant dix
jours, puis 4 grammes pendant dix jours. La poudre était mise dans la gueule.

Nous n'avons pas observé de vomissements.
L'animal salivait pendant quelques minutes. Nous
avons expliqué cette salivation par l'action un peu
irritante de la safranine. Cette substance n'est pas
en effet un sialagogue proprement dit : injectée
dans le torrent circulatoire elle n'amène pas de
salivation. L'action irritante de la safranine s'est
encore accusée par de la diarrhée, qui a apparu
souvent sinon d'une façon constante dans le cours
de l'administration de la substance.

Les selles étaient souvent rouges, indice que
la safranine n'était pas totalement absorbée. Après

plus d'un mois de ce régime l'animal n'est pas mort. Mais son appétit avait diminué. Il ne pesait plus que $10^{kg},100$.

Comme régime l'animal prenait du lait après l'ingestion de la poudre, puis de la soupe dans la journée.

Deuxième expérience. — Un chien roquet du poids de 12 kilogrammes, âgé de trois à quatre ans, a été soumis au régime de la safranine de la façon suivante : la poudre était dissoute dans la soupe $1^{gr},20$ soit $0^{gr},1$ par kilogramme du poids de l'animal.

L'animal a constamment mangé sa soupe avec répugnance. Il l'a refusé le premier, jour, et tous les jours en mangeait très peu, juste pour ne pas mourir de faim.

Pendant quatre mois il a suivi ce régime. Le quatrième mois il ne pesait plus que $7^{kg},7$. Nous expliquons la maigreur par ce fait que le chien refusait absolument de manger une nourriture imprégnée de safranine.

Les autres chiens soumis au régime du rouge de roccelline, du sulfoconjugué de fuchsine, etc., mangeaient au contraire sans hésiter et sans ré-pugnance leur soupe teinte par le colorant.

Cette expérience prouve nettement que la safranine n'est pas une matière aussi inoffensive que d'autres rouges.

Nous avons encore fait l'observation suivante : Lorsqu'on administrait d'emblée la poudre à l'animal, il mangeait ensuite très bien sa soupe, et son état général était plus satisfaisant. Il semblait que la safranine prise en masse se trouvait dans des conditions d'absorption moins favorables que mélangée aux aliments ; ou bien l'estomac était plus tolérant dans ces conditions.

Pendant cette période de quatre mois les urines ont été albumineuses pendant un certain temps, puis elles sont redevenues normales les deux derniers mois. Elles n'étaient pas colorées en rouge.

Cette expérience comme la précédente montre que la safranine est une substance qu'on ne peut classer parmi les corps inoffensifs. Elle n'est pas cependant très vénéneuse, ingérée dans le tube digestif.

Troisième expérience. — Nous avons fait deux expériences par infusion dans le sang.

A la dose de 0ᵍʳ,05 environ par kilogramme de chien, presque immédiatement, coloration des muqueuses, *accélération du cœur*, avec affaissement de ses contractions, *dyspnée* considérable *avec respiration expiratrice* et le plus souvent quelques mouvements convulsifs des pattes ; dans les heures suivantes, coloration intense de l'urine, souvent *avec albuminurie*, sans que la quantité d'urine soit augmentée, et *diarrhée* abondante ; les jours suivants, mort. A une dose double ($10^{gr},10$ environ), mort beaucoup plus rapide, qui peut même survenir à la fin de l'infusion, *par arrêt respiratoire*.

A l'autopsie, *cœur très volumineux*, en diastole ; poumons sains, ni congestionnés, ni colorés; péritoine teint en rouge, muqueuses gastrite et vésicale également teintes; muqueuse instestinale moins colorée, *mais fortement hyperhémiée ;* bile colorée en rouge foncé, peu abondante.

Quatrième expérience. — Nous avons injecté sous la peau d'un cochon d'Inde 5 centigrammes de safranine, l'animal est mort au bout de quelques heures.

En résumé, la safranine et probablement toutes les safranines sont des produits qu'il serait dangereux d'utiliser pour colorer les substances alimentaires.

VI

Action du rouge pourpre.

Le pourpre est produit par l'action du dérivé diazoïque de α-naphtylamine monosulfoconjugué sur le β-naphtol α disulfoconjugué. Il répond à la formule :

$$\overset{\alpha}{C^{10}\,H^{6}}\,N = N$$
$$\underset{So^{3}\,H}{\big|} \quad \underset{(So^{2}\,H)^{2}}{(OH)}\,\beta \left\{ C^{10}\,H^{4} \right. .$$

Ce corps est voisin en définitive du rouge Bordeaux B. Il s'en différencie par une sulfoconjugaison de plus dans le groupe naphtylamine.

Première expérience. —Un chien de chasse du poids de 14 kilogrammes a pris $0^{gr},50$ pendant quinze jours, 2 grammes pendant quinze jours, 4 grammes pendant dix jours, sans aucun phénomène. Urines incolores sans albumine. Allure et appétit conservés. Pas de diarrhée. L'animal sacrifié n'a présenté aucune particularité à l'autopsie.

Deuxième expérience. — Un chien d'arrêt du poids de $15^{kg},100$ a pris pendant cinq mois, tous les jours, dissous dans sa soupe, $1^{gr},50$ de rouge pourpre. Chaque mois il a été pesé ; on a constaté une augmentation progressive de poids, Quand il a été sacrifié il pesait $16^{kg},4$.

Cet animal a toujours eu un excellent appétit et s'est toujours bien porté sans aucune espèce de phénomène ou accident.

A l'autopsie : Rien de particulier.

Troisième expérience. — On a injecté dans le torrent circulataire d'un chien pesant $14^{kg},5$ 6 grammes de rouge pourpre en dissolution dans l'eau salée à 7 pour 1000 sans aucune espèce de phénomène. L'urine a été receuillie rouge non albumineuse.

Ce composé diazoïque n'est donc pas une substance toxique. L'organisme semble même avoir une tolérance spéciale pour ce corps.

OBSERVATION CHEZ L'HOMME. — Un homme sain a pris 6 grammes par jour de pourpre pendant quinze jours sans aucune espèce de phénomènes. Les urines et les selles étaient incolores. Le produit est transformé.

VII

Action du rouge Bordeaux B.

Le rouge Bordeaux B, qu'on appelle encore *violet I, cérasine, œnanthine,* répond à la formule :

$$\varkappa\ C^{10}\ H^7 \left. \begin{array}{l} N = N \\ OH\ \beta \\ (So^3\ H)^2 \end{array} \right\}\ C^{10}\ H^4\ .$$

Il est le produit de l'action du composé diazoïque de la naphtylamine α sur le β-naphtol α disulfoconjugué.

Première expérience. — Un chien boule du poids de 12 kilogrammes a pris $0^{gr},50$ pendant quinze jours, puis 2 grammes pendant le même temps et enfin 4 grammes pendant quinze jours encore. Pas de vomissement, pas de diarrhée ; aucun phénomène appréciable. Urines incolores, sans albumine.

Deuxième expérience. — Un chien de chasse du poids de $12^{gr},100$ âgé de un an environ, a pris $1^{gr},20$ de rouge Bordeaux par jour soit $0^{gr},1$ par kilogramme de son poids. Le régime a été continué pendant cinq mois. Le colorant était dissous dans la soupe. Urines constamment incolores et sans albumine. Pas de vomissement, pas de diar-- rhée.

L'animal a été sacrifié. Il pesait $13^{kg},450$ c'est-à-dire avait augmenté de poids.

Troisième expérience. — L'injection dans le torrent circulatoire a montré que le rouge Bordeaux est moins inactif que le pourpre. Un chien de taille moyenne l'a supporté à la dose de 4 grammes; on a pu dépasser 5 grammes sans le tuer.

OBSERVATION CHEZ L'HOMME. — Un homme sain a pris $1^{gr},50$ par jour pendant dix jours de rouge Bordeaux sans aucun phénomène.

Le rouge Bordeaux est une substance inoffensive. Il paraît cependant moins inerte que le pourpre.

VIII

Action du ponceau R.

Le ponceau R est un composé dans lequel figurent les éléments de la xylidine.

Il répond à la formule :

$$C^8 H^9 N = NC^{10} H^4 \begin{cases} OH^B \\ (So^3 H^2). \end{cases}$$

C'est le produit de l'action du composé diazoïque de la xylidine sur le naphtol β-disul-
foconjugué.

Ce composé a été expérimenté sur un chien
de taille moyenne.

Première expérience. — Un chien de taille
moyenne a pris pendant quarante-cinq jours du
ponceau R à la dose progressive de quinzaine en
quinzaine de 0^{gr},50, 2 grammes, puis 4 grammes
par jour. Nous n'avons constaté aucun phénomène.
Pas de vomissement, pas de diarrhée. Le ponceau R était mis en poudre dans la bouche.

Cette expérience prouve que le ponceau R n'est
pas un poison.

Deuxième expérience — Ce colorant a été
injecté dans le torrent circulatoire, à la dose de
4 grammes chez un chien de 15 kilogrammes, sans
aucun phénomène. Les muqueuses se teignent
comme toujours et les reins éliminent rapidement
le composé. A la dose de 8 grammes passés nous
avons déterminé la mort.

IX

Action de l'orangé I.

L'orangé I est produit par l'action du dérivé diazoïque de l'acide sulfanilique sur le naphtol α et répond à la formule :

$$C^6 H^4 N = N \begin{cases} \overset{\text{So}^3 H_2}{\underset{}{\text{OH}}} \\ \end{cases} C^{10} H^6 .$$

On l'appelle encore *Tropéoline* 1.

Première expérience. — Un chien a pris de l'orangé I dans les mêmes conditions que le chien au ponceau R, c'est-à-dire pendant quarante-cinq jours, avec des doses progressives de $0^{gr},50$, de 2 grammes et de 4 grammes. On n'a constaté aucun phénomène appréciable.

L'orangé I n'est pas un poison.

Deuxième expérience. — Injecté dans le torrent circulatoire à la dose de 3 grammes chez un chien de 13 kilogrammes, il n'a déterminé aucun phénomène ; à la dose de 6 grammes il a tué. Il est plus inerte que le rouge Bordeaux.

X

Action du jaune du binitronaphtol.

Ce jaune, appelé encore *jaune de Martius, jaunede Manchester*, n'a pas encore été signalé dans les vins. Mais il peut être employé, depuis que les colorants pour vins sont fabriqués avec des rouges, des jaunes et des bleus. Ce jaune est employé depuis plus de dix ans, pour colorer les pâtes alimentaires à la dose de 2 à 3 grammes pour 100 kilogrammes. On l'emploie parfois pour colorer le beurre, demain on l'emploira pour colorer les vins. Il est nécessaire d'appeler l'attention sur les propriétés dangereuses de ce corps.

Ce jaune est le naphtol binitré correspondant à la formule :

$$C^{10} H^6 (A^2 O^2)^2 O.$$

Il apparaît par traitement du naphtol à 100° par un mélange d'acide sulfurique et d'acide nitrique.

Nos expériences ont été pratiquées avec la combinaison sodique qu'on appelle couramment *jaune d'or* dans le commerce.

Première expérience. — Un chien griffon de 7 kilogrammes reçoit chaque jour dans la gueule 0^{gr},05 de jaune en poudre. Dès le second jour, selles diarrhériques et vomissements maintes fois observés de matière jaune. Inappétence sauf pour le lait. L'animal dès le quatrième jour est couché haletant Température rectale, 41° C.

Le sixième jour, aggravation: la respiration est haletante et très expiratrice. Température rectale, 42° C. Plus de nourriture. L'urine renferme du colorant et de l'albumine. Mort. Autopsie. Quelques-uns des viscères sont un peu teints ; la plupart sont fortement congestionnés.

Il est incontestable que l'animal est mort intoxiqué ; il ne l'est pas moins qu'il l'a été avec une quantité de beaucoup inférieure à celle qui lui était administrée, car il a vomi chaque jour.

Deuxième expérience. — Chien vigoureux de 22 kilogrammes. Dans l'après-midi il reçoit 0^{gr},40 de jaune d'or pulvérisé, en suspension dans du sirop. Vomissements jaunes la nuit ; la matière vomie ne présente pas les réactions de la

bile. Le lendemain matin, nouveaux vomissements de matière jaune non bilieuse. On lui
ingère 0gr,50. Peu après, diarrhée séreuse jaune
brun très abondante ; il se tord et s'agite. Deux
heures après, respiration haletante et expiratrice; Température rectale, 40° C.; il boit avide-
ment plus d'un litre d'eau, refuse toute nourriture.

Le lendemain la diarrhée persiste. Le jour suivant, l'animal affaibli refuse encore toute nourriture. Il est sacrifié dans le but de rechercher s'il
existe des lésions de la muqueuse stomacale. Elles
font défaut : on trouve seulement l'intestin fortement congestionné; les viscères ne paraissent pas
colorés.

Indépendamment des vomissements et de la
diarrhée, nous appelons l'attention sur la respiration haletante, comme après une course, mais plus
expiratrice, et surtout sur l'élévation de la température centrale et périphérique, sans convulsions.

L'injection de la substance toxique dans les
veines, en produisant brusquement ces deux
symptômes, nous a permis de les bien observer.

B. *Infusion dans les veines* (expériences
III, IV, V et VI). — Nous ne relatons pas en
détail ces expériences, qui sont identiques entre
elles. Elles ont porté sur des chiens du poids de

10 kilogrammes à 25 kilogrammes, ayant reçu de
0^{gr},03 à 0^{gr},06 (par kilogramme) de jaune d'or
dissous dans une solution salée à 7 pour 1000,
infusée dans la veine fémorale à la température de 38° C. Dans un espace de temps
variant entre vingt minutes et une demi-heure,
la respiration est devenue haletante et expiratrice, la peau très chaude, et la température
centrale s'est élevée, pour arriver quelque temps
après (et très rapidement aussitôt l'ascension
commencée) à 41° ou 42° C. Dans un cas, au moment de la mort, le thermomètre (gradué sur
verre par Alvergniat) marquait juste 44° C. Chez
les quatre chiens, la mort est arrivée dans un
laps de temps compris entre trois quarts d'heure
et une heure et demie. Il est à noter que l'infusion était neutre, plutôt alcaline.

Avec une dose de seulement 0^{gr},01 par kilogrammes, nous avons, chez un chien, noté la respiration expiratrice, mais l'animal s'est rétabli.
Chez deux des chiens ayant succombé, nous avons
retiré de la carotide environ 50 centimètres cubes
de sang pour le dosage des gaz. Dans le sang du
chien mort avec 44° C. la proportion d'oxygène
était très faible ; mais comme la prise a été faite
au moment même de la mort, ce résultat prouve

seulement qu'en cet instant l'asphyxie était complète. Le sang de l'autre chien pesant 15 kilogrammes et ayant, environ un quart d'heure avant la mort, une température de 41° C. renfermait $14^{vol},2$ d'oxygène et $33^{vol},7$ de CO^2 pour 100. Comme ce sang était dilué environ du tiers par suite de l'infusion de 320 centimètres cubes d'eau salée (nécessaires pour la parfaite solution du jaune d'or), on voit que cette substance, même alors que la température centrale était déjà notablement élevée, n'avait apporté aucun obstacle à la combinaison de l'oxygène avec l'hémoglobine.

Le jaune de binitronaphtol est donc un corps toxique et dangereux. Il se rapproche à ce point de vue des dérivés nitrés en général.

XI

Action du jaune NS.

Le jaune NS n'est autre chose que le jaune de binitronaphtol sulfoconjugué et sodifié.

Première expérience. — Une jeune chienne épagneule, pleine, pesant 15 kilogrammes, reçoit dans la gueule à l'état de poudre $0^{gr},5$ pendant quinze jours, puis 2 grammes pendant dix jours.

et enfin 4 grammes pendant les dix jours suivants. Elle met bas alors neuf petits, dont huit vivants. Elle n'a jamais eu ni vomissements, ni diarrhée. L'urine était colorée, non albumineuse ; l'appétit parfaitement conservé, On lui laissa allaiter trois petits pendant trois semaines. L'alimentation consistait en pain, lait et viande.

OBSERVATIONS CHEZ L'HOMME. — Administré par la bouche, en cachets, à la dose de 2 à 4 grammes par jour, le jaune NS, chez trois sujets atteints d'affections chroniques, a produit quelques coliques et de la diarrhée, sans autres phénomènes.

R. *Infusion dans les veines.* — Elle est peu commode, vu le peu de solubilité de cette substance qui nécessite une grande quantité de véhicule. Nous l'avons faite deux fois et n'avons observé aucun phénomène toxique.

Le jaune NS n'est pas un toxique ; il parait légèrement laxatif.

XII

Action du jaune solide.

Le jaune solide que nous avons expérimenté est le sulfoconjugué sodique de l'amidoazoorthotoluol.

Première expérience. — Un chien bouledogue, de 12 kilogrammes, reçoit dans la gueule, à l'état de poudre, 0ᵍʳ,5 pendant quinze jours, puis 2 grammes pendant quinze jours, enfin 4 grammes pendant dix jours On ne note aucun symptôme particulier. On lui donne alors 10 grammes par jour.

Rien d'anormal.

OBSERVATIONS CHEZ L'HOMME. — Chez deux sujets atteints d'affections chroniques, le jaune « solide », administré en cachets à la dose de 2 à 4 grammes par jour, a paru causer des coliques, sans diarrhée.

Deuxième expérience. — Ce jaune, plus soluble que le jaune NS infusé dans le torrent circulotoire à la dose de 0ᵍʳ,5 par kilogramme, n'a donné aucun phénomène toxique.

Ce corps-là, qui est très employé pour les vins, mélangé à du rouge et à du bleu dans la proportion qui varie de C à 10 0/0 du mélange total, n'est heureusement pas une matière vénéneuse.

XIII

Action du bleu de méthylène.

Le bleu méthylène est le produit d'oxydation de la paraamidodiméthylphénylènediamine en présence de l'hydrogène sulfuré.

Ce produit renferme du soufre dans sa constitution.

Première expérience. — Un chien, du poids de 15 kilogrammes, a pris 2 grammes bleu de méthylène pendant quatre semaines. Il a eu continuellement des vomissements et de la diarrhée, éliminant une grande partie du produit ainsi soustrait à l'absorption.

Au bout d'un mois, l'animal avait un peu maigri. On le soumit alors à la dose de 1 gramme qu'on lui administra non plus en poudre dans la gueule comme le mois précédent, mais en dissolution dans sa soupe. L'animal n'a plus eu de vomissements ni de diarrhée. Il mangeait tantôt avec appétit, tantôt avec un peu d'hésitation. Pendant cinq mois durant, il a été soumis quotidiennement à ce régime.

On a trouvé dans l'urine constamment une

petite quantité de bleu de méthylène qui, mêlé à l'urochrome jaune de l'urine, donnait une teinte verte à cette excrétion.

Nous n'avons jamais rencontré trace d'albumine.

L'animal alors sacrifié n'a présenté aucune lésion ni du côté digestif, ni du côté de ses annexes. Les organes ont été soigneusement examinés au microscope.

Deuxième expérience. — Dans une seconde expérience, nous avons injecté dans le torrent circulatoire une solution de bleu de méthylène dans l'eau salée à 7 pour 1000. Nous avons reconnu qu'on tuait un chien de moyenne taille avant d'arriver à la dose de 50 centigrammes.

Ces résultats d'expérience prouvent que le bleu de méthylène n'est pas une substance aussi inerte que bien d'autres matières colorantes que nous avons déjà examinées. On ne peut cependant pas regarder cette substance comme un corps toxique et très dangereux.

Troisième expérience. — Nous avons pratiqué une expérience sur les poissons, qui nous a donné des résultats intéressants à signaler. Cinq poissons rouges ont été mis au sein d'une eau teinte fortement par le bleu de methylène ; trois poissons ont résisté. Au bout de quelques jours, deux sont morts. Nous avons reconnu que les branchies de ces derniers poissons étaient fortement teintes en bleu, tandis que les branchies des poissons restés vivants étaient indemnes. Cette teinture ne s'est pas effectué *post mortem*. Les poissons avaient perdu le leur vivacité, étaient déjà malades qu'ils avaient les branchies teintes.

Cette teinture des branchies a-t-elle été le phénomène primitif qui a déterminé la mort ? A-t-elle été au contraire un accident consécuti chez les deux poissons déjà malades ?

Cette dernière hypothèse nous paraît vraisemblable. Elle explique comment les cinq poissons n'ont pas succombé. En effet, chez un poisson plein de santé et de vie, les épithéliums paraissent parfaitement résister à l'action du bleu de mélhylène, qui est une des rares matières colorantes qui teignent en solution alcaline. Dès que l'épithélium est malade, il n'offre plus de résistance et laisse se fixer la matière colorante. Cette dernière probablement alors hâte le dénouement en troublant la fonction branchiale.

X I V

Action de l'Induline, du bleu Coupier, du vert acide.

Nous avons réuni l'étude de ces trois colorants qui ont été expérimentés dans des conditions suffisantes pour apprécier leur nature inoffensive, sans que nous puissions cependant affirmer leur complète innocuité. Ces colorants n'ont pas encore été signalés dans les vins. Ils sont du moins employés pour colorer les denrées alimentaires.

L'induline est produite par l'action de l'amidoazobenzol sur l'aniline.

Le produit commercial est le monosulfoconjugué sodique.

Le bleu Coupier est encore le sel de soude d'un acide sulfoconjugué dérivé de la violaniline, laquelle violaniline provient de l'oxydation de trois molécules d'aniline qui se soudent après avoir perdu six atomes d'hydrogène.

Le vert acide est le monosulfoconjugué sodi-

que du tétraméthyldipara amidotriphénylcar-
binol.

Ces corps ont été administrés chacun à un
chien différent, pendant quarante-cinq jours,
à la dose progressive, de quinzaine en quinzaine, de 0,50, 2 grammes et 4 grammes.

Les trois chiens n'ont éprouvé aucune espèce de phénomène. La poudre était dissoute
dans la soude pour le bleu Coupier.

Pour l'induline et le vert acide la poudre a
été versée dans la gueule.

L'appétit, l'allure gaie et vive ont été conservés. Pas d'albumine dans les urines, pas de
diarrhée, pas de vomissements, pas d'amaigrissement.

Ces substances ne sont évidemment pas des
poisons.

CHAPITRE III

CONCLUSIONS

L'étude toxicologique que nous avons faite des principaux colorants employés pour les vins et de quelques autres très répandus explique comment la coloration artificielle des vins par les dérivés de la houille, si fréquente aujourd'hui, n'a pas occasionné encore de graves accidents d'intoxication. Beaucoup de ces produits ne sont pas vénéneux.

M. Lépine et moi avons fait la remarque que les colorants examinés sont des azoïques sulfoconjugués et sodifiés. Est-ce à la sulfoconjugaison et à la combinaison sodique que ces produits doivent leur innocuité? L'expérience est à suivre.

On sait que les travaux de Baumann en Allemagne ont démontré que quelques produits chimiques s'éliminaient à l'état sulfoconjugué, c'est le cas, par exemple, du phénol, et le phénylsulfate n'est plus toxique. Peut-être est-ce là un état chimique compatible avec la vitalité de nos cellules, ou favorisant dans tous les cas l'élimination.

J'apporterai quelques faits à l'appui de cette hypothèse, en attendant une généralisation basée sur de plus nombreux exemples. Le binitronaphtol est toxique, tandis que son sulfoconjugué sodique est inoffensif (jaune NS). La fuchsine même pure ne paraît pas absolument inoffensive à hautes doses. Le sulfoconjugué de la fuchsine, qu'on appelle à tort fuchsine acide, produit breveté par *La Badische*, et qui n'est autre chose qu'une combinaison sodique de rosaniline sulfoconjuguée, est une substance tolérée par les animaux, par l'homme sain et malade, à des doses énormes, sans phénomènes appréciables.

Nous ajouterons encore ce fait d'observation qui demande à être étudié pour d'autres corps : le pourpre, qui est un dérivé trisulfoconjugué de la diazonaphtaline, est bien plus inerte que le rouge Bordeaux qui n'est que le bisulfo-conjugué.

Il semblerait que l'organisme aurait une tolérance de plus en plus grande à mesure que la sulfoconjugaison augmente dans une molécule. Nous le répétons, nous nous occupons de confirmer le fait par une étude systématique dans ce sens.

Assurément le degré de la sulfoconjugaison ne suffira pas pour différencier la nocuité de ces corps. Il faut bien tenir compte également de la nature de la molécule. Nous voulons dire que deux corps également bisulfoconjugués, par exemple, pourront se distinguer par un degré différent de toxicité, suivant les groupements moléculaires qui le constituent. Le ponceau R bisulfoconjugué qui renferme les éléments du xylol et du naphtol, est mieux toléré que l'orangé I, corps également bisulfoconjugué, qui renferme les éléments du phénol et du naphtol. Il faudra évidemment étudier l'influence du degré de la sulfoconjugaison pour un même corps chimique, ou pour deux corps renfermant les mêmes copules. Il est démontré, en effet, que la nature des radicaux renfermés dans un corps ont une influence physiologique propre.

L'expérimentation nous a permis déjà de classer dans le tableau suivant quelques colorants.

Jaune d'or (toxique).

Safranine
Bleu de méthylène   nuisibles.

Bordeaux
Orangé
Pouceau R   sont tolérés
Pourpre   à fortes doses.
Jaune NS
Jaune solide

Ces substances ont été classées par degré de nocuité, en se basant sur les doses nécessaires pour amener la mort par injection dans le torrent circulatoire.

Nous avons ainsi trouvé que le pourpre tuait à la dose de 0,8 à 1 gramme par kilogramme du poids de l'animal, en injections intra-veineuses, c'est-à-dire qu'un chien du poids de 10 kilogrammes sera tué par injection intra-veineuse de 8 à 10 grammes de pourpre. Le sulfate de potasse renfermé dans les vins plâtrés est certainement plus dangereux.

Nous sommes convaincus que le Comité consultatif d'hygiène sera amené à admettre comme colorants inoffensifs quelques unes de ces matières dont la puissance colorante est considérable.

Il n'y a aucune raison expérimentale pour refuser l'entrée dans certains sirops artificiels, les liqueurs, les bonbons, du rouge soluble, du rouge pourpre, du rouge Bordeaux, du sulfo-conjugué de fuchsine (fuchsine S) et quelques autres. Ces produits sont appelés à être consommés d'ailleurs en petites quantités et accidentellement, toutes conditions qui garantissent encore l'innocuité absolue. On redoute les impuretés, dira-t-on ?

Précisément, ces azoïques sulfoconjugués et sodifiés ne renferment comme impureté généralement que du sulfate de soude.

Ils sont fabriqués sans intervention d'oxydes métalliques (mercure, étain, arsenic), et suivant des règles mathématiques, en quelque sorte, avec des rendements presque théoriques.

Il est avéré qu'on ne peut empêcher la consommation de ces matières malgré les interdictions officielles. Le commerce est inondé de colorants de la houille destinés aux matières alimentaires.

On peut dire que le public fait tous les jours des expériences à son insu, et peut-être à ses dépens. Il est donc préférable de faire des distinctions entre ces matières, de tolérer celles qui sont inoffensives, plutôt que de les interdire toutes, et livrer ainsi le consommateur à la fantaisie des fabricants de produits chimiques. Quand on ne peut arrêter un torrent, du moins doit-on en régler le cours.

Le Comité consultatif d'hygiène, qui a toujours rendu de si grands services à la santé publique, ne peut évidemment se désintéresser de procédés commerciaux qui sont devenus courants et journaliers, en dépit de ses décisions, en dépit des arrêtés préfectoraux qui les interdisent.

Ces arrêtés préfectoraux sont basés d'ailleurs sur les rapports de Wurtz au Comité consultatif, en 1880 et 1881.

L'illustre chimiste, nommé rapporteur par le Comité, expose ses vues sur le danger des colorants de la houille. Il conclut à l'interdiction de ces substances, sur lesquelles [1] l'expérience, en définitive, ne s'est pas prononcée.

« En l'absence d'expériences établissant l'innocuité de ces substances, on peut craindre que quelques-unes ne soient dangereuses; en conséquence nous estimons que leur emploi pour la coloration des aliments ou condiments doit être interdit jusqu'à nouvel ordre. »

[1] *Recueil des travaux du Comité consultatif d'hygiène,* 1880, p. 301. Rapport de Wurtz.

Cette sage réserve, cette prudence très légitime, laissent, on en conviendra, la porte ouverte aux découvertes à venir.

En 1881, Wurtz revient sur son premier rapport. Il donne la liste des colorants dont l'emploi peut être toléré et celle de ceux dont l'emploi doit être interdit. Dans les considérations générales qui précèdent il dit nettement : « En raison des découvertes de chaque jour on ne peut affirmer que ces listes soient complètes [1]. »

Nous avons la conviction que le cadre de la liste des colorants tolérés s'élargira, et que les colorants de la houille ne sont plus indistinctement frappés d'ostracisme.

M. Wurtz dit d'ailleurs dans son rapport : « Au nombre des matières colorantes inoffensives nous compterons l'alizarine et la purpurine artificielles [2]. » Or, ne sont-cepas là des dérivés de la houille que la dioxyanthraquinone

---

[1] *Recueil des travaux du Comité consultatif d'hygiène*, 1881, p. 300. Rapport de Wurtz.

[2] *Recueil*, *loc. cit.*, 1880, p. 301.

(alizarine) et la trioxyanthraquinone (purpurine)? Si on tolère les dérivés de l'anthracène, pourquoi ne tolérera-t-on pas les dérivés de la naphtaline, si l'expérience ne laisse aucun doute sur l'innocuité, lors bien même que l'azote entrerait dans ces composés sous une certaine forme. Ces questions-là ne peuvent se trancher par des *a priori*.

En Allemagne, les hygiénistes ont fait un pas dans cette voie. A la date du 12 avril 1886 nous trouvons en tête de la *Berliner klinische Wochenschrift* la liste des couleurs nuisibles et celle des couleurs non nuisibles.

Nous trouvons parmi les couleurs non nuisibles le bleu d'aniline, le vert d'aniline, le vert malachite, les laques rouges non arsenicales, et sous cette dénomination la voie est ouverte à l'emploi des fuchsines pures.

D'ailleurs, si nous nous reportons à la liste des couleurs nuisibles, il n'est nullement question d'éliminer les colorants de la houille d'une façon général. Parmi les rouges on proscrit seulement la fuchsine *arsenicale* et la laque d'éosine.

Il semble que le Comité consultatif d'hygiène allemand s'est préoccupé surtout des couleurs métalliques ou des couleurs qui peuvent être souillées d'impuretés métalliques toxiques. Il paraît avoir adopté les conclusions du Dr Sonnenkalb [1] qui redoutait particulièrement les métaux vénéneux intervenant dans la fabrication de ces couleurs.

Nous formulerons nos conclusions en quelques mots :

1º La coloration artificielle des vins, par quelque matière que ce soit, devrait être proscrite par une loi unique et sévère.

2º La coloration des produits artificiels de la liquoristerie et de la confiserie peut être pratiquée sans danger par toute une série de colorants dérivés de la houille. La vente de ces colorants ne devra d'ailleurs être autorisée que sous cachet et sous la garantie du fabricant, au

---

[1] Voir p. 41.

point de vue de sa véritable nature et de sa
pureté;

3° En présence du débordement de consommation de ces couleurs, il paraît opportun
qu'une Société scientifique autorisée comme
l'Académie de médecine, entreprenne des expériences systématiques pour classer définitivement ces innombrables substances colorantes
au point de vue de l'hygiène. La justice sera
d'autant plus forte pour frapper les infractions
que la science aura fait des distinctions, mieux
motivées entre ces substances qu'on a toujours
classées conventionnellement pour ainsi dire :
d'un côté les colorants naturels bénins, de l'autre les colorants artificiels malins. Il faut que
l'expérimentation obtienne enfin gain de cause
contre la convention et la fantaisie.

APPENDICE

Les conclusions de notre travail ont été présentées à l'Académie de médecine dans la séance du 27 avril 1886.

M. Béchamp, qui assistait à la séance, a cru devoir faire des réserves sur l'opportunité de tolérer les colorants de la houille comme colorants non nuisibles. Il s'est exprimé ainsi :

« A mon avis, M. Wurtz et M. Bergeron ont eu raison de proposer au Comité consultatif de proscrire les matières colorantes dérivées de la houille pour la coloration des vins ou des denrées alimentaires. Sans doute parmi ces matières colorantes il en est qui peuvent être réputées inoffen—

sives. Mais je ne peux pas m'empêcher de rappeler que, vers 1872, à Montpellier, j'ai été chargé d'analyser des vins et des mélanges colorants destinés à les colorer, lesquels contenaient, outre la fuchsine, d'autres substances rouges, jaunes ou violettes; mais ce qui était plus grave, les vins et les mélanges colorants contenaient des traces plus que notables d'acide arsénieux. C'était la première fois que l'emploi des matières tinctoriales dérivées de la houille était signalé pour la coloration des vins ; il y avait là un fait grave, d'autant plus grave qu'il se compliquait de la présence de l'arsenic. J'ai été alors si impressionné de cette dernière remarque, que je ne l'ai point publiée, me contentant d'en informer M. le procureur général près la cour de Montpellier, afin de faire saisir et les vins et les mélanges colorants chez les fabricants. La présence possible de l'acide arsénieux dans les produits destinés à colorer les denrées alimentaires constitue un danger public tel qu'il est inutile d'insister. »

Nous répondrons deux mots à ces objections de sentiment. D'abord les arsenicaux n'interviennent nullement dans la fabrication des couleurs azoïques. De plus les composés sur l'innocuité desquels nous avons appelé l'attention, sont des sulfoconjugués sodiques, et à ce titre renferment comme impureté un peu de sulfate de soude. Nous avons analysé de nombreux sulfoconjugués de diverses provenances, c'est la seule impureté que nous ayons constatée. Nous n'avons jamais trouvé de sels métalliques ou arsenicaux.

La fuchsine plus incriminable et son sulfoconjugué sont fabriqués généralement aujourd'hui sans intervention d'acide arsénique. On utilise le procédé Coupier, qui consiste à chauffer l'aniline et toluidine mélangées de nitrobenzine en présence du perchlorure de fer ou de l'acide chlorhydrique et du fer.

L'impureté arsenicale dont on a tant usé et abusé devant les tribunaux doit être jugée scientifiquement et non sentimentalement.

Bientôt on va interdire la vente du nitrate de bismuth qu'on consomme cependant à la dose de plusieurs grammes, sous prétexte qu'il peut être parfois arsenical. Et cependant cette interdiction serait plus légitimée pour le sous-nitrate de bismuth, plus sujet à caution que les colorants azoïques.

Comme nous l'avons dit d'ailleurs, la vente des colorants devra être réglée par un article de loi qui interdira le débit autrement que sous cachet

C.

et sous la garantie du fabricant. C'est ce qui se passe en Allemagne. Dans nos conclusions qui précèdent cet appendice, on trouvera d'ailleurs des développements qui sont une réponse suffisante aux réflexions de M. Béchamp.

DEUXIÈME PARTIE

RECHERCHE CHIMIQUE
DES COULEURS DE LA HOUILLE DANS LES VINS

CHAPITRE PREMIER

HISTORIQUE

La fuchsine paraît être le premier colorant dérivé de la houille employé pour les vins. Dès son apparition, les chimistes instituent diverses méthodes pour la mettre en évidence.

Le professeur Casali donna ainsi une méthode d'extraction. Il traitait le vin à analyser par l'ammoniaque, puis agitait avec de l'éther qui se chargeait de rosaniline. Ce travail remonte à 1870.

La plupart des procédés publiés dans la suite reposent sur le même principe : mettre en liberté la rosaniline de sa combinaison saline par l'intermédiaire d'un alcali, puis enlever la rosaniline avec un dissolvant approprié.

En 1873, M. Falières reprend le procédé Casali et le complète en ajoutant de l'acide acétique à l'éther qui fait réapparaître la fuchsine en se combinant avec la rosaniline; M. Gautier a conseillé d'évaporer l'éther avant de faire intervenir l'acide acétique.

M. le professeur Jacquemin, de Nancy, trouve avantageux de se débarrasser d'abord de l'alcool par distillation. Il traite alors la vinasse comme précédemment, avec un excès d'ammoniaque à froid, puis agite avec l'éther qu'il évapore ensuite sur quelques brins de laine. Ces derniers se teignent en rouge par la fuchsine si le vin était falsifié.

En 1874, MM. Balard, Pasteur et Wurtz ont indiqué un procédé, qui diffère légèrement des précédents. Ils ajoutent au vin suspect, goutte à goutte, de l'eau de baryte concentrée, jusqu'à ce que le précipité d'abord violacé devienne verdâtre, puis ils agitent vivement la liqueur avec de l'alcool amylique. Ce dernier se colore en rose par la fuchsine. Au bout de quelque temps de repos, il surnage le vin et peut être recueilli. Si on a ajouté trop d'eau de baryte, l'alcool amylique reste incolore, chargé seulement de rosaniline. Mais l'addition d'acide acétique à cet alcool fait réapparaitre la fuchsine, qui se décolore à nouveau par l'ammoniaque.

M. Labiche, pharmacien à Louviers, a substitué le sous-acétate de plomb à l'eau de baryte, lequel même en excès ne décompose pas la fuchsine. L'agitation a toujours lieu comme précédemment avec l'alcool amylique. Le sous-acétate de plomb précipite complétement la matière colorante du vin et même les autres matières colorantes végétales. Il épargne la fuchsine.

M. Ch. Girard a substitué l'éther acétique à l'alcool amylique. Il traite le vin goutte à goutte, par l'eau de baryte, jusqu'à ce que le précipité soit devenu verdâtre, et agite ensuite le tout avec de l'éther acétique. Celui-ci se colore en rose. On laisse reposer, on décante la solution éthérée et on l'introduit dans un tube bouché au fond duquel on a placé un mouchet de soie blanche. On plonge ce tube dans un bain-marie et l'on chasse l'éther acétique quand il s'est volatilisé, ce qui exige quelques minutes à peine, le mouchet reste à sec au fond du tube, coloré en rouge écarlate. La coloration persiste après un lavage à l'eau, et l'échantillon de soie teinte peut être présenté comme pièce à conviction. C'est là le principal avantage de ce procédé.

L'alcool amylique se prête moins bien à des essais de teinture que l'éther acétique. En outre ce dernier présente un autre avantage : ses éléments se séparent facilement au contact d'une base et même de l'eau, et l'acide acétique régénéré peut s'unir à la rosaniline qu'un excès d'eau de baryte aurait pu mettre en liberté. La coloration rose caractéristique des sels de ro- saniline apparaît ainsi plus sûrement.

Nous citerons encore pour faire un histori- que complet de la question quelques autres réactifs préconisés, qui rentrent plus ou moins dans les précédents.

A l'époque où la fuchsine a apparu dans les vins, chaque chimiste s'est mis à l'œuvre; chacun a préconisé son réactif reposant plus ou moins sur le traitement du vin par une matière alcaline et la reprise par un dissolvant qui s'empare de la matière colorante.

Dans un rapport intéressant présenté à la Société de pharmacie, M. Marty a exposé leur valeur comparative, à la suite d'expériences de contrôle, et a démontré que la plupart de ces procédés se valaient, reposant tous d'ailleurs sur le même principe. Labiche, nous l'avons dit, emploie le sous-acétate de plomb; Bouillon, comme Wurtz, Balard et Pasteur, emploie l'eau de baryte; Jacquemin et Ritter emploient l'ammoniaque. Comme dissolvant Falières emploie l'éther, Labiche, l'alcool amylique, Didelot, la benzine, Fordos, le chloroforme.

Yvon agite 25 à 30 centilitres de vin, avec 1 à 2 grammes de noir animal; après quelques minutes de contact, il jette le tout sur un petit entonnoir dont la douille est obstruée par un tampon d'amiante. On lave ensuite le noir avec un peu d'eau, puis on traite par l'alcool froid qui enlève la fuchsine mais n'enlève pas la matière colorante normale du vin retenue par le noir.

M. Latour a recommandé ensuite la dessiccation préalable du noir avant le traitement subséquent par l'alcool.

M. Husson, de Toul, introduit quelques grammes de vin suspect dans une fiole et y ajoute un peu d'ammoniaque. Le mélange prend une teinte d'un vert sale; on plonge alors dans le liquide un fil de laine blanche à tapisserie. Lorsqu'il en est bien imbibé, on le retire, on le dispose verticalement, et on l'imprègne dans toute sa longueur d'une goutte de vinaigre ou d'acide acétique. Si le vin est naturel, à mesure que la goutte s'avance, la laine redevient d'un beau blanc; s'il est altéré par la fuchsine, elle se teint en rose plus ou moins foncé.

Ce procédé, qui peut réussir avec un vin

très fuchsiné, est peu sensible avec un vin renfermant de petites quantités de fuchsine. Il peut d'ailleurs prêter à confusion. Le pigment du vin rendu ammoniacal est partiellement en dissolution, descend sur la laine, vire au rouge par l'acide, et peut faire croire à la fuchsine.

M. Fluckiger a trouvé que le chlore ou le brome fonce un vin fuchsiné, mais décolore ou jaunit un vin rouge ordinaire.

Ce procédé n'est pas pratique pour reconnaitre des traces de fuchsine.

M. Chancel emploie le sous-acétate de plomb, puis l'acide amylique, mais il contrôle au spectroscope l'identité de la fuchsine par sa bande d'absorption et la distingue ainsi de l'orseille.

Un sieur Guillot adressa à l'époque une note au ministre sur l'emploi de l'acétate neutre de plomb et de l'alcool amylique.

Un sieur Barbier préconise une poudre souveraine. On reconnait qu'elle est constituée par de l'acétate de plomb en poudre mélangé d'un peu de litharge.

Un sieur Lapeyre propose de plonger dans le vin suspect des bandelettes mordancées à l'aluminate de potasse. Après macération de quatre minutes on les retire, on les lave à l'eau froide et on les fait sécher. La bandelette trempée dans le vin fuchsiné prend une teinte rose ou rouge plus ou moins foncée ; celle qui avait été plongée dans le vin naturel prend une teinte grise.

Un sieur Moreau a préconisé d'ajouter au vin fuchsiné une petite quantité d'éther acétique et d'agiter vivement la liqueur. Il plonge ensuite du papier blanc ordinaire qui fixe la fuchsine et se colore en rose ou en rouge plus ou moins vif.

Dernièrement, M. Frehse a conseillé de faire passer un courant d'acide sulfureux dans un vin qu'on soupçonne fuchsiné. On chauffe ensuite le vin devenu jaune. Si la teinte ne change pas, le vin est pur. Dans le cas où il tirerait au rouge partiellement, il renfermerait un peu de fuchsine que l'acide sulfureux avait décoloré mais qui réapparaît à l'ébullition.

Cette réaction est applicable au sulfo de fuchsine.

M. Moulinari a proposé de déposer sur un pain de carbonate de magnésie une goutte de vin falsifié et d'apprécier la nuance de la tache produite.

MM. Ch. Girard et A. Gautier ont substitué au carbonate de magnésie des bâtons de craie *animalisée*, c'est-à-dire trempés dans une solution d'albumine, puis séchés. Ils ont même généralisé cette méthode pour les colorants végétaux. La craie ainsi albuminée fixe mieux les colorants que la craie pure.

Le vin fuchsiné et le vin additionné de cochenille font apparaitre sur la craie ainsi préparée des taches rouges ; le vin additionné d'extrait de mauve donne une tache bleue très prononcée.

Ces auteurs distinguent ensuite les taches produites par la fuchsine de celles produites par la cochenille, en disposant sur l'une et sur l'autre une goutte d'émétique. Ce réactif ne modifie pas la couleur rouge de la tache fuchsinée et fait disparaître la teinte rouge de la cochenille.

De tous les procédés signalés, celui au sous-acétate de plomb et l'alcool amylique, et encore le procédé à l'ammoniaque, éther, puis acide acétique, sont plus particulièrement à l'abri de tout reproche.

La fuchsine était une matière colorante facile à reconnaître dans les vins ; de là la multiplicité des méthodes publiées, de là aussi l'abandon rapide de cette matière colorante. Sur ces entrefaites la fabrique de produits chimiques *La Badische* découvre le sulfoconjugué de fuchsine, qui offre la propriété caractéristique de ne se dissoudre ni dans l'éther, ni dans l'alcool amylique.

Ce produit a bientôt été substitué à la fuchsine.

M. Ch. Girard, directeur du Laboratoire municipal de Paris, signale le premier ce colorant dans le vin. Depuis cette époque ce colorant s'est très répandu. C'est lui qu'on rencontre le plus fréquemment aujourd'hui.

M. Ch. Girard a indiqué un procédé qu'il a publié dans les *Documents sur les falsifications des denrées alimentaires*. Il consiste à traiter le vin par l'acétate de mercure et la potasse.

A 10 centimètres cubes de vin suspect on ajoute 2 centimètres cubes d'une solution de potasse à 10 pour 100, de manière à avoir un léger excès de potasse, ce qui se reconnaît aisément au changement de nuance. On précipite alors la matière colorante du vin par 2 centimètres cubes d'une solution d'acétate mercurique à 2 pour 100. Si le vin est très acide, qu'il faille employer 3, 4 centimètres cubes, etc., de la solution potassique, on emploiera une quantité proportionnelle de la solution d'acétate mercurique.

M. Ch. Girard recommande d'avoir soin de s'assurer de l'alcalinité du liquide après la précipitation par le sel mercurique. On filtre; si le vin est pur, la liqueur filtrée est parfaitement incolore, d'après l'auteur, et ne vire plus au rouge par les acides; si, au contraire, le vin renferme du sulfo de fuchsine, le liquide filtré se colore par addition d'acide. On peut teindre avec ce liquide un mouchet de soie.

La pratique démontre que ce procédé est délicat à suivre. Si on ajoute un trop grand excès de potasse, il entraîne une laque soluble jaune verdâtre, due à la matière colorante normale du vin, laque qui virera au rouge par addition d'acide. Autrement dit, il est impossible de régler très exactement la proportion d'acétate mercurique et de potasse. Il faut suffisamment de potasse pour précipiter la laque mercurique, l'excès d'oxyde de mercure et décomposer le sulfo de fuchsine, et insuffisamment pour ne pas décomposer cette laque. Le but est difficile à atteindre.

M. Jay a reconnu ces inconvénients et conseille d'ajouter de la potasse au vin, de manière à ce que le liquide soit neutre ou à peine acide. L'acétate mercurique dans ce cas-là agit bien.

M. Ch. Girard a indiqué depuis de chauffer le vin après addition des réactifs. Le procédé serait plus sensible. Il emploie une solution d'acétate mercurique à 20 pour 100 au lieu de 10 pour 100.

M. Bellier, directeur du Laboratoire municipal de Lyon, pour éviter l'excès d'alcali, emploie la magnésie calcinée au lieu de la potasse. La laque formée par le mercure avec la matière colorante du vin n'est pas décomposée à l'ébullition, même par un excès de magnésie. Le liquide, lorsque le vin est pur, passe constamment incolore.

M. Bellier emploie un mélange d'acétate mercurique solide et de magnésie calcinée. Il ajoute une pincée de poudre à 10 centimètres cubes de vin dans un tube à essai; il agite et chauffe à l'ébullition. Le liquide filtre incolore dans le cas d'un vin pur et même dans le cas d'un vin sulfo-fuchsiné, si le vin renfermait des traces de sulfo-fuchsine. En effet, la magnésie met la rosaniline incolore en liberté. Mais en ajoutant de l'acide acétique au liquide filtré on détermine une coloration rose ou rouge, tandis que le vin pur reste incolore.

Il est absolument nécessaire de chauffer,

sans quoi le précipité mercurique retient la rosaniline, soit mécaniquement, soit sous forme de combinaison instable que la magnésie détruit à l'ébullition.

Ce procédé permet de reconnaître non seulement le sulfoconjugué de la fuchsine, mais encore la plupart des dérivés azoïques sulfoconjugués. Le rouge Bordeaux, le rouge de roccelline, la crocéine, le ponceau, etc., passent.

MM. Ch. Girard et Pabst, en recourant à l'acétate mercurique, ont donc choisi un précipitant très avantageux pour séparer la matière colorante du vin et les colorants végétaux des colorants dérivés de la houille.

Ces chimistes ont recours ensuite soit à l'éther acétique, soit à l'alcool amylique pour enlever la matière colorante au liquide filtré, rendu alcalin par l'eau de baryte, la soude ou la potasse.

Ils emploient les dissolvants déjà préconisés pour la fuchsine.

Le sulfoconjugué de la fuchsine seul ne passe pas.

La plupart des azoïques en solution alcaline passent dans l'alcoolamylique. On évapore l'alcool sur de la laine qui se teint. Cette dernière, teinte et séchée, au contact de l'acide sulfurique concentré prend des teintes variables.

MM. Ch. Girard et Pabst ont eu recours, après les Allemands, à une méthode différentielle très ingénieuse, basée sur le pouvoir spectral des divers colorants. Nous en tirerons profit.

Telles sont les méthodes générales utilisées au Laboratoire municipal de Paris pour reconnaître dans les vins et les distinguer entre eux les colorants de la houille.

M. Blarez, agrégé de chimie à Bordeaux, a proposé le bioxyde de plomb pour reconnaître le sulfoconjugué de la fuchsine dans les vins. Ce réactif, utile lorsque le vin est riche en sulfofuchsine, n'est plus sensible si le vin renferme de petites quantités de colorant.

M. Jay, qui a attribué à tort à un sieur Clarès ce procédé, a reconnu que sa sensibilité ne dépassait pas certaines limites [1]. Nous reviendrons sur ce réactif.

M. Frehse, sous-directeur du Laboratoire municipal de Lyon, a proposé une méthode pour distinguer les colorants de la houille entre eux, une fois isolés de la matière colorante du vin par l'acétate de mercure et la magnésie. Il fait intervenir sur la solution étendue et neutre du colorant une solution saturée d'acétate de cuivre, qui donnerait une coloration jaune franc avec certains colorants, une coloration violette avec d'autres, enfin une coloration douteuse (vineuse, couleur sale), avec quelques rouges.

Les colorants, ainsi classés en trois groupes, seraient ensuite distingués par la soude, puis par les acides sulfuriques et chlorhydrique concentrés, qui donnent, comme on le savait déjà, des colorations variables avec les colorants.

A notre tour, nous avons présenté à l'Académie des sciences, dans la séance du 4 jan-

[1] Voir *Journal de pharmacie et chimie*, t. XII, 5e série, p. 306, 1885.

vier 1886, p. 52, une méthode générale, sûre et très précise, pour caractériser dans les vins les matières colorantes, fuchsines, azoïques ou autres. Cette méthode repose sur l'emploi des oxydes métalliques proprement dits. Nous avons essayé en particulier l'oxyde jaune de mercure, l'hydrate d'oxyde de plomb humide et l'hydrate de peroxyde de fer gélatineux, puis ultérieurement l'hydrate stanneux humide.

La matière colorante du vin, sorte de tannin, est un acide faible formant, on le sait, des laques insolubles avec un grand nombre de sels métalliques, sels de plomb, de mercure, de fer, etc. Toutefois l'excès de ces sels soit redissout la laque métallique, soit agit sur les matières colorantes artificielles étrangères.

Nous avons pensé que l'intervention directe des oxydes de ces métaux, bases faibles et insolubles, fixeraient la matière colorante normale du vin, sans exercer d'action destructive vis-à-vis de la plupart des colorants de la houille et sans contracter de combinaison avec eux. L'expérience a confirmé ces vues.

Nous tirerons un large profit de cette intervention dans la marche systématique que nous instituerons.

CHAPITRE II

CARACTÈRES GÉNÉRAUX DES VINS COLORÉS PAR LES COULEURS DE LA HOUILLE

I

Vin naturel.

Avant d'aborder l'étude des vins colorés par les couleurs de goudron de houille, nous rappellerons les réactions caractéristiques de la couleur des vins purs.

La nature du cépage, comme l'âge du vin, influe considérablement sur les caractères de coloration avec les divers réactifs. La description qui suit a trait à des vins de cinq à dix-huit mois, appartenant aux crus de France les plus répandus dans le commerce, et les plus consommés.

Avec l'âge le vin change de teinte, on le sait. La matière colorante s'altère, soit qu'elle se réduise, soit qu'elle s'oxyde. L'analyse de la matière colorante normale du vin aux diverses étapes de sa modification serait nécessaire pour apprécier la nature chimique exacte du phénomène. Toujours est-il que le vin passe peu à peu, avec les années, de la belle teinte brillante, éclatante, rouge bleuté, à une teinte rouge jaunâtre de plus en plus accentuée. La plupart des réactifs dont nous allons parler, qui donnent des teintes déterminées avec un vin jeune, deviennent absolument illusoires avec un vin vieux.

Toutefois si la couleur générale du vin change par transformation d'une de ses matières colorantes, — le vin en renferme évidemment plusieurs, — la nature et les propriétés chimiques de ces colorants conservent leurs affinités fondamentales.

Nous allons diviser les réactions présentées

par les matières colorantes normales du vin en trois groupes, que nous appellerons *a*, *b*, *c* : le premier groupe comprend les réactifs qui font virer la teinte normale du vin sous l'influence des agents chimiques et qui ont un caractère relatif puisqu'elles sont liées à l'âge du vin ; le second groupe vise les réactifs qui absorbent les matières colorantes normales du vin, et qui permettent immédiatement la séparation de ces pigments naturels des couleurs de la houille que nous voulons mettre en évidence ; le troisième groupe comprend la réaction spectrale d'un vin naturel.

a) *Réactifs modifiant la couleur du vin.* — Les réactifs, que M. A. Gautier[1] a parfaitement étudiés, reposent surtout sur l'intervention des substances alcalines, le carbonate de soude, le bicarbonate de soude, le borax, l'ammoniaque, l'eau de baryte. On combine parfois cette action avec celle de l'alun. Ces réactifs, inter-

[1] GAUTIER. *La sophistication des vins, méthodes analytiques et procédés pour reconnaître la fraude ;* 3e édition, p. 145 et suiv. Paris. 1884.

venant sur du vin ordinaire et naturel étendu de 5 à 10 fois son volume d'eau, agissent d'une façon très rapprochée. A petites doses ils font virer la teinte du vin au violet, au lilas, puis au vert bleuâtre. A plus hautes doses la teinte passe au vert plus ou moins gris, sale ou brillant suivant le cépage ou l'âge du vin. Puis la matière colorante du vin s'oxyde au contact de l'alcali, la teinte verte disparaît pour faire place à une teinte brune. Le phénomène apparaît tantôt au bout de quelques minutes, tantôt au bout de quelques heures, suivant la quantité d'alcali ajouté.

A 1 centimètre cube du vin, M. Gautier ajoute 5 centimètres cubes d'une solution au 200° de carbonate de soude, ou bien, 1 centimètre cube d'une solution de bi-carbonate de soude saturée d'acide carbonique, contenant 8 grammes de sel, pour 10 grammes d'eau, ou bien encore 1 centimètre cube d'une solution d'ammoniaque à 10 grammes pour 90 grammes d'eau, ou bien une solution saturée à 15° t. de borax (réactif Moitessier).

M. Carles, qui a préconisé l'action de l'eau ordinaire sur le vin, a recours, en définitive, à l'action du bicarbonate de chaux, alcali faible qui donne la teinte lilas ou violacée. Il ajoute quelques centimètres cubes d vin dans un litre d'eau ordinaire et examine la teinte.

Quelques matières colorantes végétales, comme le sureau et la mauve, semblent passer sous l'influence des alcalis faibles plus rapidement au vert. Le myrtille, le phytolacca, la betterave conservent à leur contact leur couleur rose ou violette.

Les colorants de la houille en présence des alcalis se comporteront de deux façons. Tantôt ils se décoloreront complètement (fuchsines), tantôt ils conserveront leur teinte rouge caractéristique (azoïques sulfoconjugués) Dans le premier cas les alcalis ne donneront aucun indice particulier ; dans le second cas, la teinte rouge persistante au sein de la teinte verte laissera soupçonner la falsification. Nous reviendrons sur ces faits.

b) *Réactifs absorbant la couleur du vin.*

— Ces réactifs agissent de deux maniéres. Ils absorbent les pigments normaux du vin, en formant une laque colorée dont la teinte est déjà une indice de pureté.

MM. Ch. Gautier et A. Girard emploient par exemple la *craie albuminée* qui donne avec un vin pur une teinte qui varie du gris clair au gris ardoisé ou bleu indigo. La craie albuminée se prépare en trempant dans une solution d'albumine d'œuf à 10 pour 100 des bâtons de craie ordinaire; on laisse sécher à l'air libre et on termine la dessiccation à 100°. Avant de se servir des bâtons de craie ainsi préparés, on gratte leurs surfaces avec un couteau pour enlever l'excés d'albumine. Pour faire l'essai, on dépose sur le bâton, à l'aide d'une baguette de verre, une ou deux gouttes de vin à essayer. On attend vingt à trente minutes pour laisser à la laque albuminée calcaire le temps de sécher, puis on observe la couleur de la tache.

Rappelons que le précipité obtenu dans un vin pur avec le sous-acétate de plomb varie du gris bleuâtre au gris verdâtre.

Nous signalerons maintenant l'intervention des oxydes métalliques qui vont nous donner des résultats importants à noter et nous serviront precisément à distinguer les vins purs des vins chargés de colorants de houille.

Le bioxyde de manganèse a été reconnu avant nous comme un réactif décolorant du vin. Le vin le plus foncé en couleur agité poids à poids avec le bioxyde de manganèse pendant cinq minutes à froid doit se décolorer. Il conserve une petite teinte madère. On verra le parti que nous avons tiré de cet oxyde qui a été, suivant nous, mal appliqué.

Nous avons reconnu que 20 à 30 centigrammes d'oxyde jaune de mercure décolorait complètement, par agitation à froid, 10 centimètres cubes de vin naturel.

2 grammes d'hydrate d'oxyde de plomb humide à 50 pour 100 d'eau décolorent également lentement à froid, plus rapidement à chaud, 10 centimètres cubes de vin naturel.

2 grammes d'hydrate stanneux à 75 pour 100 d'eau décolorent également 10 centimètres

cubes de vin naturel, par agitation à froid et à chaud. La laque est lilas à froid, verte à chaud.

Enfin 10 grammes de peroxyde de fer gélatineux humide à 90 pour 100 d'eau décolorent complètement à froid ou à chaud 10 centimètres cubes de vin naturel. Toutefois le vin, filtré après ce traitement, conserve un reflet très légèrement noirâtre. Cette teinte qui est à peine perceptible, qui s'apprécie surtout lorsqu'on a un échantillon type d'eau pure pour comparaison, est due à une trace de combinaison ferrugineuse de la matière colorante normale du vin, qui entre en dissolution dans l'eau.

Ces oxydes, que nous utilisons souvent, sont trop connus pour nous étendre longuement sur leur préparation. Toutefois quelques indications sommaires sont utiles à rappeler si on veut obtenir des résultats satisfaisants.

Le bioxyde de manganèse que nous employons est le minerai naturel finement pulvérisé.

Comme oxyde jaune on peut employer l'oxyde précipité du commerce, qui entre dans la confection de la pommade ophtalmique. Il faut avoir soin de le finement pulvériser.

Il faut rejeter l'oxyde rouge de mercure dont l'état moléculaire est différent : nous avons reconnu qu'il absorbait moins bien la matière colorante du vin.

L'hydrate d'oxyde de plomb sera préparé dans le laboratoire en précipitant l'acétate de plomb par une quantité ménagée de potasse. On lave jusqu'à ce que les eaux de lavage ne soient plus du tout alcalines. On met égoutter le précipité sur un linge. On le conserve dans un flacon bouché à l'émeri pour l'usage, lorsqu'il renferme à peu près encore 50 pour 100 d'humidité. Cet hydrate devenu sec absorbe très lentement la matière colorante du vin *et ne peut rendre les mêmes services.*

L'hydrate stanneux est préparé en précipitant le protochlorure d'étain par l'ammoniaque, lavant rapidement, faisant égoutter et enfermant dans de petits flacons qu'on tient pleins et qu'on met à l'abri de la lumière. L'hydrate sec ne vaut rien.

L'hydrate de fer gélatineux est préparé en précipitant le perchlorure de fer par l'ammoniaque. On fait réagir ces liquides étendus. On opère au sein de l'eau froide, et on lave avec soin pour enlever toute trace d'ammoniaque. Égoutté sur un linge quelque temps, cet hydrate renferme encore 90 pour 100 d'eau. Cet état moléculaire est très favorable à l'absorption de la matière colorante du vin. Le peroxyde desséché ne remplit plus du tout le même but.

c) *Examen physique.* — Nous voulons parler de l'examen au spectroscope fait en Allemagne et repris ces temps-ci par MM. Ch. Girard et Pabst. Ces chimistes ont reconnu qu'un vin naturel donnait une bande d'absorption entre D et F (voir la planche, p. 215) et une absorption unilatérale dans le violet.

Les matières colorantes étrangères donnent des spectres particuliers distincts de celui de la matière colorante normale du vin. De là une méthode générale analytique très précieuse. Elle présente le grand avantage de n'exiger que de petites quantités de matières et de ne pas les dénaturer.

Comme l'ont dit MM. Ch. Girard et Pabst, les caractères positifs ou négatifs qu'on tire de cet examen ont la même importance que, par exemple, la réaction avec l'hydrogène sulfuré en analyse minérale.

Pour ce genre de recherche, ces messieurs recommandent de préférence les spectroscopes de poche, les plus petits et les plus lumineux possible, du prix de 25 à 30 francs chez Duboscq et chez Lutz, par exemple. Ces instruments, destinés à la minéralogie et à la métallurgie, devront satisfaire aux conditions suivantes :

1° L'image visible du spectre aura une longueur apparente d'au moins 2 centimètres ;

2° La fente s'élargira à volonté, et aura au moins 1/2 centimètre de hauteur ;

3° Avec une ouverture étroite de la fente, on verra encore le spectre brillant de A à G, et les raies D, E et F seront nettes, suivant la mise au point.

CAZENEUVE.   8

Les liquides sont examinés tout simplement dans des tubes à essai, à la lumière diffuse du jour de préférence ; les lumières artificielles donnent des résultats différents, ce qui tient à l'inégale intensité des rayons colorés qui les constituent. Nous préférons les tubes à essai aux cuves à faces parallèles, qui nécessitent plus de liquide, sont difficiles à nettoyer et coûtent cher.

MM. Ch. Girard et Pabst conseillent de conserver une collection de matières colorantes, suivant le type d'étude et de comparaison, dans da petits flacons de cristal taillé à faces parallèles, qui peuvent être examinés sous deux épaisseurs différentes.

II

Vin fuchsiné.

Nous supposerons toujours dans nos descriptions pour tous les vins colorés par les colorants de la houille, que les vins sont falsifiés avec habileté, c'est-à-dire qu'ils ne présentent pas un excès de colorant étranger. Nous envisageons toujours le cas le plus difficile, celui où le colorant étranger figure pour une faible proportion.

Le vin peu fuchsiné n'a pas d'aspect particulier. Très fuchsiné il aurait un aspect plus vif que le vin nouveau. Il n'a pas de saveur spéciale. Au contact des alcalis faibles, eau ordinaire, carbonate de soude, bicarbonate de soude étendus, un vin faiblement fuchsiné ne se distingue pas d'un vin ordinaire. La fuchsine est démontée, décomposée par les alcalis en acide et rosaniline incolore ; aussi disparait-elle à leur contact. Au contact de la craie albuminée on obtient une tache rose ou rouge à peine violacée.

Voici les réactifs que nous retiendrons pour la mettre en évidence au milieu de tous ces procédés que nous avons énumérés dans notre historique. Nous supposons une trace de fuchsine pour prendre le cas le plus délicat.

On prend 50 centimètres cubes de vin, on ajoute de l'ammoniaque jusqu'à teinte verte, c'est-à-dire un petit excès d'ammoniaque. On agite avec 100 centimètres cubes d'éther. L'éther décanté est distillé à une douce chaleur sur de l'eau distillée, 35 centimètres cubes environ, renfermant plusieurs gouttes d'acide acétique cristallissable. L'eau se teinte nettement en rouge ou en rose, suivant la quantité de fuchsine. Lors même que la teinte serait très faible, on peut caractériser de suite la fuchsine en faisant bouillir le liquide avec un brin de laine qui fixe toute la matière colorante.

Ce brin de laine séché est décoloré par les alcalis; il prend une teinte feuille-morte, soit avec l'acide chlorhydrique concentré, soit avec l'acide sulfurique.

Cette réaction appliquée scrupuleusement, comme je viens de le dire, permet de reconnaître un dixième de miligramme par litre de vin et d'être très affirmatif sur la nature du colorant.

C'est là le procédé Fallières, Jacquemin, Ritter.

On pourrait utiliser le sous-acétate de plomb

et l'alcool amylique comme nous l'avons dit page 111 ; le procédé est très sensible. La teinture de la laine est moins facile dans ces conditions. Si le vin est suffisamment fuchsiné, s'il renferme quelques milligrammes par litre, il pourra assurément donner d'emblée des indications.

Mais il ne faut pas oublier, comme nous le dirons plus loin (voir page 217), que des vins faiblement fuchsinés qui séjournent longtemps en tonneau perdent une forte partie et parfois la totalité de leur fuchsine. Il est donc précieux de pouvoir dans une expertise ou une contro-expertise, faite à plusieurs mois de distance, de pouvoir déceler une trace de fuchsine.

Voici une autre réaction très simple et très sensible que nous conseillons pour reconnaître les traces de fuchsines dans un vin. Elle se rattache à notre méthode générale par l'emploi des oxydes métalliques.

On prépare de l'hydrate d'oxyde de plomb en traitant le sous-acétate de plomb par la potasse avec précaution pour éviter un excès d'alcali. On lave pour enlever toute trace de potasse. Cet hydrate est égoutté sur un linge, rapidement. Très humide, renfermant encore 50 pour 100 d'eau, il est enfermé dans un flacon bouché à l'émeri et conservé pour l'usage. Une fois sec, il ne remplit plus le même objet. Humide et récemment précipité, il absorbe très bien à froid et à chaud la matière colorante normale du vin.

On prend 10 centimètres cubes de vin, on ajoute 2 grammes d'hydrate de plomb humide. On fait bouillir une minute. Le liquide doit passer complètement incolore. Si le liquide passait coloré on aurait affaire à un vin très acide ou très riche ; on ajouterait alors 50 centigrammes à 1 gramme de plus d'hydrate en recommençant l'opération. Le liquide filtré incolore traité par l'acide acétique prend une teinte rouge ou rose suivant la quantité de fuchsine. En agitant avec l'alcool amylique la couleur passe rapidement dans l'alcool et apparaît ainsi plus évidente, concentrée sous un petit volume. Ou bien on fait bouillir le liquide avec un brin de laine. Cette dernière prend toute la matière colorante et peut servir de pièce à conviction. L'ammoniaque la décolore, l'acide chlorhydrique concentré lui donne la teinte feuille-morte.

Au lieu de traiter 10 centimètres cubes de vin, on peut traiter 50 centimètres cubes ou 100 centimètres cubes avec une quantité proportionnelle d'hydrate d'oxyde de plomb. La soustraction de la matière colorante par un petit volume d'alcool amylique ou en teignant la laine rendra la réaction plus sensible.

Nous avons indiqué dans diverses notes[1] que l'oxyde jaune de mercure qui décolorait le vin altérait un peu la fuchsine, que le bioxyde de manganèse l'oxydait profondément et la faisait également disparaître, quoi qu'on en ait dit. Bien entendu ces conclusions ne sont vraies que pour des quantités faibles de fuchsine. Si le vin était très riche en fuchsine, ces oxydes pourraient la laisser partiellement échapper.

---

[1] *Journal de pharmacie et de chimie*, t. XII, 1885, p. 481, et t. XIII, 1886, p. 256. Voir aussi *Bulletin de la Société chimique*, 1885 et 1886,

L'hydrate de peroxyde de fer gélatineux, qui sera utile pour les azoïques, ne vaut rien pour les fuchsines ordinaires qu'il retient.

L'hydrate stanneux préparé en traitant le protochlorure d'étain par l'ammoniaque et conservé humide à l'abri de l'air et de la lumière, retenant encore 70 pour 100 d'eau, est un réactif qu'on peut substituer à l'hydrate d'oxyde de plomb. Le liquide filtré incolore vire par l'acide acétique et peut teindre la laine dans le cas d'un vin fuchsiné

On peut examiner au spectroscope les liquides fuchsinés isolés par les diverses méthodes ci-dessus décrites. La fuchsine donne une bande d'absorption extrêmement nette et intense, visible en liqueur très étendue (voir page 215).

III

Vin sulfofuchsiné.

On a vu dans l'article précédent que par l'intervention de la plupart des bases alcalines, puis d'un grand nombre de dissolvants, la fuchsine est rapidement et constamment mise en évidence dans un vin. La facilité de cette constatation devait faire abandonner bientôt cette couleur, commode à employer, cependant, en raison de sa puissance colorante.

On parvint sur ces entrefaites à sulfoconjuguer la fuchsine. Et la grande usine *La Badische* fit breveter un produit appelé fuchsine 5, fuchsine acide qui parait être un mélange de rosaniline disulfoconjuguée et de rosaniline disulfoconjuguée sodique.

Sous l'influence des bases on obtient de la rosaniline salifiée incolore que n'enlèvent pas à l'eau l'alcool amylique, l'éther, l'éther acétique, etc. Ce corps était donc plus difficile à reconnaitre que les sels ordinaires de rosaniline.

Ces dernières années la consommation de cette substance pour colorer les vins a pris d'énormes proportions.

Nous ne pouvons présenter une statistique générale, sur la consommation de ce produit, n'ayant pas de renseignements suffisants. Nous nous contenterons de donner des chiffres, que

nous devons à l'obligeance de M. Bellier, directeur du laboratoire municipal de Lyon, sur les
saisies effectuées à l'arrivée en gare à Lyon,
depuis le milieu de 1884 jusqu'en mai 1886. On
trouvera ces renseignements aux documents,
page 304. On verra que les 9/10 environ des
vins saisis sont des vins sulfofuchsinés. Assurément il est entré dans cette ville un nombre
beaucoup plus considérable de vins ainsi colorés. Deux inspecteurs seulement sont affectés à
ce contrôle dans les gares ; ils ne peuvent suf-
fire à un examen quotidien et général : ils ont
laissé échapper probalement de nombreux arri-
vages. L'entrée par charrette des gares voisines
dans la ville de Lyon a dû dissimuler ainsi bien
des vins fraudés, personne n'exerçant le contrôle aux barrières d'octroi.

M. Ch. Girard, comme nous l'avons dit, a
signalé le premier le sulfoconjugué de la fuchsine dans les vins, et le premier a donné une
méthode pour reconnaître ce colorant. Nous
avons signalé dans l'historique l'emploi de l'a-
cétate de mercure et de la potasse, cette mé-

thode très ingénieuse qui ne demandait qu'une petite modification pour être d'un emploi facile entre les mains du plus inexpérimenté. Au lieu de potasse on emploie la magnésie (Bellier). Voici la méthode : De l'acétate mercurique sec et de la magnésie calcinée sont mélangés poids à poids. On verse une dizaine de centimètres cubes de vin à essayer dans un tube à essai, une pincée du mélange et l'on fait bouillir. Le liquide filtré passe incolore avec un vin pur et incolore avec un sulfofuchsiné. Dans ce dernier l'addition d'acide acétique amène immédiatement une coloration rose ou rouge suivant la quantité de sulfo de fuchsine. L'ammoniaque fait disparaitre la coloration. L'acide acétique la fait réapparaître à nouveau. L'agitation avec l'alcool amylique n'entraîne pas la couleur comme cela se passe avec la fuchsine. Cette solution rouge aqueuse teint à l'ébullition la laine et la soie, qui, desséchées, prennent une teinte feuille-morte avec l'acide chlorhydrique ou sulfurique concentré. Cette réaction est commune à toutes les fuchsines.

Nous indiquerons deux autres méthodes également très sensibles et sûres. Elles reposent sur l'emploi de l'oxyde de mercure et sur celui de bioxyde de manganèse.

Nous avons dit qu'un vin pur était complètement décoloré par l'oxyde jaune de mercure. 20 centigrammes suffisent en général pour 10 centimètres cubes de vin à froid ou à chaud. Le sulfo de fuchsine est intégralement respecté.

Nous nous servons couramment pour cet essai d'une petite mesure qui renferme 20 centigrammes d'oxyde jaune, et d'un tube à essai jaugé à 10 centimètres cubes. On ajoute la poudre, on agite une minute, on jette sur un double petit filtre qui retient mieux l'oxyde de mercure précipité souvent très fin. Si le vin est pur il passe incolore, s'il est sulfofuchsiné il passe avec la teinte du colorant. L'addition d'acide n'avive pas la couleur. Le sulfoconjugué de la fuchsine n'est pas décomposé comme avec les autres bases, avec mise en liberté de rosaniline incolore.

On peut refaire l'expérience dans les mêmes conditions, mais en amenant à l'ébullition le vin additionné d'oxyde. On filtre ; le liquide doit passer coloré avec une teinte présentant la même intensité que celle obtenue à froid. C'est déjà un indice qu'on a affaire au sulfoconjugué de la fuchsine. Les vins colorés par les azoïques laissent mieux passer le colorant à chaud qu'à froid. Nous avons pu reconnaître dans 10 centimètres cubes de vin jusqu'à 1 centième de milligramme de sulfoconjugué de fuchsine.

Nous conseillons, dans la méthode précédente, de toujours filtrer le liquide, après traitement par l'oxyde mercurique, sur trois gouttes d'acide acétique cristallisable, pour éviter que le liquide ne se trouble : sans quoi un précipité apparait, constitué peut-être par du tartrate de mercure. Quoique ce précipité n'ait pas d'inconvénient il rend la réaction moins flatteuse à l'œil, si on veut conserver le tube comme pièce à conviction. On peut faire bouillir le liquide ainsi acidulé avec la laine pour obtenir une teinture. On fait intervenir sur la laine, comme précédemment, l'acide chlorhydrique concentrée qui donne la teinte feuille-morte caractéristique.

On s'assure encore que le liquide n'abandonne pas sa couleur à l'alcool amylique.

Si on veut constater la décoloration par les alcalis, on ajoute avec précaution de la potasse au liquide filtré, après traitement à froid du vin par l'oxyde mercurique. Le liquide vire au jaune par précipitation d'un peu d'oxyde mercurique. On filtre; le liquide incolore est ramené au rouge par addition d'acide acétique ou de tout autre acide.

Nous avons déjà dit que les fuchsines autres que le sulfo de fuchsine, c'est-à-dire les chlorhydrate, acétate, oxalate, etc., de rosaniline, la fuchsine B de Poirrier, sont, au contraire partiellement retenues, et partiellement altérées. 10 centimètres cubes de vin renfermant 0,0005 de fuchsine ordinaire, c'est-à-dire une quantité cinquante fois plus forte que la quantité de sulfo-conjugué précédemment expérimentée, sont absolument décolorés à froid par l'oxyde jaune de mercure. La fuchsine est totalement retenue. A chaud une trace passe avec une nuance fleur ne pêcher qui indique une altération. L'agitation avec l'alcool amylique entraîne toutefois cette trace de colorant.

A côté de l'oxyde de mercure nous indiquerons une réaction très simple qui donne des résultats constants, même avec une trace de sulfo de fuchsine.

Il suffit de traiter 50 centimètres cubes de vin suspect par 50 grammes de bioxyde de manganèse. On agite cinq minutes, on filtre et on acidifie le liquide filtré. Les vins naturels ou les vins colorés artificiellement avec les matières colorantes végétales, avec la plupart des azoïques, — nous en avons essayé un grand nombre, — et même avec la fuchsine passent incolores ou légèrement teintés en jaune. Les vins qui renferment du sulfo de fuchsine passent colorés par cette matière. La moindre trace se reconnaît, si on a soin de teindre un brin de laine dans le liquide filtré, en faisant bouillir. Nous avons trouvé que ce procédé est plus sensible que l'acétate de mercure et magnésie et que l'oxyde de mercure.

Nous voulons dire que le bioxyde de manganèse permettra de distinguer quelques dixièmes de milligramme par litre de sulfoconjugué de fuchsine, tandis que les autres procédés pour ces proportions infimes laisseront parfois dans l'incertitude si on a employé un petit excès de réactif qui peut altérer une trace de colorant.

Ce réactif préconisé successivement par le Dr Facon et par Lamattina pour distinguer les colorants végétaux dans un vin puis la fuchsine, a été à notre sens mal appliqué. M. Arm. Gautier l'a rejeté comme illusoire. En effet, le bioxyde de manganèse détruit tous les colorants végétaux, même l'orseille, et la fuchsine. Au contact de l'acide du vin il dégage de l'oxygène à l'état naissant qui détruit un grand nombre de colorants. Assurément si un vin est coloré entièrement par l'orseille ou par la fuchsine, le bioxyde de manganèse pourra dire quelque chose. Mais il ne faut pas se placer dans un cas exceptionnel pour apprécier la valeur d'un procédé chimique. On doit compter avec la pratique. Or, nos nombreux essais prouvent que tous les colorants renfermés à petites doses dans les vins, comme on est appelé à les rencontrer dans les falsifications courantes, ne peuvent être décelés avec le bioxyde de manganèse, qui les détruit.

Le sulfoconjugué de la fuchsine, au contraire, est totalement épargné par le bioxyde de manganèse.

Dernièrement, M. Sambuc, professeur à l'École normale de médecine et de pharmacie de Toulon, a prétendu que ce procédé était très approximatif[1].

Il relate les essais suivants :

« 1° Un vin naturel, de coloration moyenne, pur de tout colorant frauduleux, fut additionné de 0,01 de sulfo par litre et traité par le procédé ci-dessous, puis examiné ensuite au colorimètre Duboscq, comparativement à une liqueur de sulfo de fuchsine titrée, amenée au

---

[1] Voir *Journal de pharmacie et de chimie*, t. XIII, 6ᵉ série, 15 mai 1886, p. 497.

même degré le dilution; les deux épaisseurs de liquides colorés, loin d'être égales, furent toujours dans le rapport de 2 : 3. Ainsi 10 divisions du liquide sulfo titré nécessitent pour l'égalité de teinte 15 divisions de vin manganisé; dans d'autres expériences, j'ai obtenu 20 du premier et 30 du second, ou 15 du premier avec 22 du second.

« Il résulte donc de là que ce vin serait considéré comme contenant les 2/3 du sulfo de fuchsine qu'il contient réellement et que vraisemblablement l'oxyde de manganèse a retenu une partie de ce colorant. Pour le vérifier, ajoute M. Sambuc, j'ai fait ce qui suit :

« 2° Une liqueur titrée de sulfo à $0^{gr},02$ par litre fut traitée directement par le bioxyde manganique, à raison de 20 grammes pour 20 centimètres cubes ; après filtration et lavage complets de manière à tripler le volume primitif de la liqueur, celle-ci a été comparée au colorimètre à une autre portion de la liqueur titrée, triplée aussi, et les divisions nécessaires pour l'égalité des teintes furent :

10 de liqueur normale pour 20 de liqueur manganésée
15 —   —   —   — 30 —   —   —
20 —   —   —   — 40 —   —   —

« Ici donc le bioxyde semblait retenir le colorant beaucoup plus que dans l'expérience précédente, puisqu'au lieu d'en dissimuler un tiers, il en retenait la moitié.

« 3° Il fallait décider si cette action était bien due au manganèse, en augmentant la proportion de ce dernier. Pour cela 20 centimètres cubes de la même liqueur titrée agitée avec 40 grammes de suroxyde manganique furent filtrés et lavés comme ci-dessus, et cette fois les chiffres obtenus furent :

5 divis. de liqueur titrée p. 20 divis. de liqueur manganésée
8 —   —   —   —   — 32 —   —   —   —
10 —   —   —   —   — 48 —   —   —   —

Donc, cette fois le manganèse avait dissimulé les trois quarts de la matière colorante. Par conséquent le procédé sus-indiqué expose au danger de ne recueillir et de ne doser qu'une partie du colorant frauduleux, et si la proportion retenue est faible, quand le vin est simplement rehaussé par cet agent employé comme complément d'une coloration normale, d'autre part (par exemple dans un cas de coupage d'un vin très foncé en couleur par un tiers ou un quart de vin blanc), l'erreur peut être plus forte quand il s'agira d'un vin entièrement ou presque entièrement coloré par le sulfo de fuchsine.

« Il est probable aussi que la proportion de sulfo-fuchsine retenue par le bioxyde de manganèse varie avec la pureté de cet oxyde, et il existe à ce sujet des différences si considérables qu'il sera toujours prudent, chaque fois qu'on emploie un peroxyde nouveau, de déterminer son pouvoir absorbant, soit sur la liqueur titrée, soit sur des vins additionnés de doses connues. Néanmoins, il régnera une certaine incertitude sur la correction à appliquer. »

Nous avons rapporté *in extenso* ces expériences et les conclusions que l'auteur en tire, pour mieux les discuter.

M. Sambuc a dû oublier, dans tous ses essais,

d'aciduler fortement, avec l'acide tartrique ou autre, le liquide passé sur le bioxyde de manganèse. Que se passe-t-il en effet ? Opère-t-on sur un vin sulfofuchsiné, le bioxyde de manganèse sature partiellement l'acide du vin. On lave avec de l'eau jusqu'à 150 centimètres cubes. Dans ces conditions le sulfoconjugué de fuchsine est constamment démonté. C'est un fait banal que l'eau agit sur les fuchsines comme d'ailleurs sur tous les sels (Berthelot); si on fait intervenir une quantité d'acide convenable on reconstitue le sulfoconjugué de rosaniline.

Il est donc absolument nécessaire d'acidifier le liquide filtré, sans quoi on s'expose à des erreurs.

Or, M. Sambuc, dans toutes ses expériences où il parle des lavages effectués, ne fait nullement mention de cette précaution indispensable.

De là des résultats singuliers ; tantôt un tiers de la matière colorante est dissimulé, c'est le cas des vins où le liquide filtré était *heureusement* encore un peu acide, tantôt les trois quarts de la matière colorante paraissent absorbés par le bioxyde manganique. Et ce dernier résultat est obtenu lorsqu'on double la quantité de bioxyde, en opérant non plus sur le vin mais sur une liqueur titrée. Or, tout s'explique très clairement. Il faudra, en effet, faire intervenir plus d'eau pour obtenir les 150 centimètres cubes après lavage, si on a employé le double de bioxyde, lequel retient forcément une certaine quantité d'eau. Il y a évidemment dilution plus grande. Sous cette influence d'une plus grande quantité d'eau, le sulfoconjugué de fuchsine est profondément dissocié : de là les résultats apparents obtenus par M. Sambuc.

Voici d'ailleurs les expériences définitivement concluantes que nous avons faites à cette occasion. 50 centimètres cubes d'une solution titrée à 1 milligramme par litre de sulfoconjugué de fuchsine convenablement acidulée ont été traités par 50 grammes de bioxyde de manganèse par agitation à froid pendant cinq minutes. On jette sur un filtre, on acidule le liquide par l'acide tartrique. Il présente la même intensité de teinte que la liqueur primitive. On a pu teindre ensuite un brin de laine à l'ébullition avec la liqueur traitée par le bioxyde de manganique. Cette laine présentait la même nuance et la même intensité de teinte qu'un autre échantillon bouilli avec le même volume de liqueur titrée primitive.

Nous sommes bien loin des résultats obtenus par M. Sambuc.

Nous avons ensuite fait un essai où nous avons opéré comme précédemment, seulement nous avons fait agir à chaud la bioxyde de manganèse en chauffant au bain-marie quelques instants. Le bioxyde n'a pas davantage altéré le sulfo de fuchsine.

Nous avons contrôlé avec un vin dans lequel nous avons mis 1 milligramme par litre de sulfo de fuchsine. Nous avons ajouté à ce vin de l'acide tartrique pour activer l'action du bioxyde de manganèse. Nous avons ajouté à 50 centimètres cubes de vin 50 grammes de bioxyde de manganèse. Après cinq minutes d'agitation, nous avons jeté sur un filtre. Le liquide filtré, acidulé par l'acide tartrique, a teint à l'ébullition un brin de laine. Un vin pur ne donne jamais ce résultat.

Nous avons fait un nouvel essai dans les mêmes conditions, sauf que nous avons chauffé au bain-marie le bioxyde et le vin quelques minutes. Même résultat de teinture après filtration, lavage et acidification du liquide filtré.

Quand le vin est peu riche, quand il ne renferme que 1 milligramme de sulfoconjugué de fuchsine par le titre, il est certain que le liquide filtré sur le bioxyde de manganèse, même après acidification, présente une teinte rose difficile à percevoir, d'autant que la matière colorante du vin, qui a été oxydée par le bioxyde, donne une nuance jaune qui nuit à l'appréciation de la teinte fuchsinée. Mais en teignant la laine, le sulfo de fuchsine est de suite mis en évidence. La couleur jaune du vin oxydé ne se fixe pas du tout sur la laine.

La sensibilité du bioxyde de manganèse pour reconnaître le sulfo de fuchsine dans un vin est telle que nous avons pu dernièrement déceler une trace de cette substance dans un vin que des chimistes très consciencieux avaient déclaré n'en pas contenir. Ce vin saisi depuis près d'un an, avait été enfermé depuis six mois dans des bouteilles et était resté les six autres mois en fût.

L'oxyde de mercure, pourtant très sensible, l'acétate mercurique et magnésie ne permettaient pas d'en déceler trace.

Prenant 200 centimètres cubes de ce vin, nous traitâmes par 200 grammes de bioxyde de manganèse. Le liquide filtré et acidulé par l'acide tartrique a été bouilli ensuite avec quelques brins de laine Ces derniers ont pris une teinte rose légère, qui se décolorait par l'ammoniaque, était ramenée au rouge par un acide et prenait une nuance jaune sale par l'acide chlorhydrique concentré.

L'inculpé a d'ailleurs avoué que le vin avait été coloré artificiellement.

En résumé, l'emploi du bioxyde de manganèse pour reconnaître un vin sulfofuchsiné est un procédé extrèmement sensible. Il n'est besoin que de l'appliquer convenablement.

Nous verrons dans un chapitre spécial (page 21), que les vins soumis à l'expertise ou à une contre-expertise séjournent parfois de longs mois dans les fûts et dans les bouteilles avant d'être analysés; qu'ils subissent avec le temps une détérioration concourant à la précipitation ou disparition du colorant artificiel. Il y a souvent un intérêt pressant à saisir une trace infinitésimale de sulfoconjugué. Le bioxyde de manganèse sera le réactif le plus propice en s'aidant de la teinture sur laine.

Dosage. — L'évaluation de la quantité de sulfofuchsine dans un vin peut être utile dans une expertise soit qu'on se propose d'estimer la quantité absolue de ce colorant par litre, soit qu'on veuille connaître le rapport de la coloration étrangère à la coloration naturelle du vin.

Le procédé au bioxyde de manganèse permet ce dosage très suffisamment approximatif.

On a traité 50 centimètres cubes de vin par 50 grammes bioxyde de manganèse avec agitation à froid. On jette sur un filtre. On lave avec de l'eau distillée jusqu'à obtention de 150 centimètres cubes. On acidifie la liqueur filtrée. On prend d'autre part 50 centimètres cubes de vin qu'on étend à 150 centimètres cubes. Si l'intensité de la teinte est identique avec celle du liquide passé sur le bioxyde, on conclut que le vin est entièrement coloré avec le sulfo de fuchsine. Avec le colorimètre de Duboscq il est facile de comparer assez exactement l'intensité, et de se rendre compte du rapport de cette teinte étrangère à la teinte naturelle.

On fera la comparaison avec une liqueur titrée de sulfo de fuchsine pour se rendre compte de la quantité de ce colorant renfermé dans le vin. Une liqueur titrée de 10 centigrammes par litre d'eau additionnée de 1 centimètre cube d'acide sulfurique, nous a paru répondre aux divers besoins. On peut l'étendre d'ailleurs suivant les cas.

Emploi du bioxyde de plomb.— Dans l'historique, nous avons signalé le bioyxde de plomb préconisé par M. Blarez, pour reconnaitre le sulfo de fuchsine dans un vin.

Ce réactif, qui peut rendre des services si on opère avec un vin riche en sulfo de fuchsine, est très inférieur au bioxyde de manganèse, à l'oxyde de mercure et à l'acétate de mercure et la magnésie.

Nous avons institué une série d'expériences qui prouvent de la façon la plus nette que l'action oxydante du bioxyde de plomb, au contact des acides du vin est plus énergique que celle du bioxyde de manganèse.

20 centimètres cubes de vin pur agité, comme le veut M. Blarez, avec 5 grammes de bioxyde de plomb pendant quelques secondes, est complètement décoloré. La matière colorante du vin est totalement oxydée et le liquide passe complètement incolore à la filtration.

Avec le bioxyde de manganèse la matière colorante du vin a pris en même temps une teinte jaune indiquant une combustion avancée, mais moins complète. Ce n'est qu'au bout d'une heure qu'on obtient un liquide à peu près incolore. Dans tous les cas, la teinte légèrement faible, qui ne se fixe pas du tout sur la laine, ne peut être confondue avec la teinte rouge colorante du sulfoconjugué de la fuchsine. Il n'y a aucune confusion possible.

Mais cette action oxydante énergique du bioxyde de plomb a précisément l'inconvénient d'oxyder assez rapidement le sulfoconjugué de fuchsine et de le faire disparaître.

Voici à cet égard des expériences très concluantes : Un vin est additionné de 1 centigramme par litre de sulfo de fuchsine qui représente la teneur moyenne de la plupart de ces vins fuchsinés qu'on saisit.

Avec le bioxyde de manganèse, l'oxyde de mercure, l'acétate de mercure et magnésie, nous avons eu des résultats absolument nets. Avec le bioxyde de plomb, voici ce qui s'est passé: 20 centimètres cubes de vin agité à froid avec 5 grammes de bioxyde de plomb a passé coloré par du sulfoconjugué de fuchsine, mais la solution comparée avec celle obtenue par les autres réactifs était évidemment moins colorée de 1/5 environ.

La même opération, exécutée avec du même

vin préalablement additionné d'un cristal d'acide tartrique pour activer la décomposition du bioxyde de plomb et son action oxydante, donne un liquide filtré moins coloré que précédemment.

Un troisième essai a été pratiqué dans les conditions exactes du premier essai, sauf qu'on a prolongé le contact du bioxyde avec le vin pendant une demi-heure. Le vin a passé cette fois parfaitement décoloré.

Un quatrième essai a été fait en répétant les conditions du premier essai, sauf qu'on a porté le mélange à l'ébullition pendant une demi-minute. Le liquide filtré était totalement décoloré.

On a eu soin d'ajouter de l'acide acétique dans tous les liquides filtrés, afin de s'assurer que le sulfo de fuchsine n'était pas simplement démonté. L'acide n'a déterminé aucun changement, indice de l'action oxydante profonde du bioxyde de plomb sur le colorant.

L'action oxydante du bioxyde de plomb, comme nous l'avons dit, est fonction du temps;

à mesure qu'il se dégage de l'oxygène au contact de l'acide du vin, la destruction progressive
du sulfoconjugué de la fuchsine s'effectue.

Or, avec le bioxyde de manganèse rien de
semblable. A chaud, à froid, au bout de vingt-
quatre heures même, on retrouve toujours, non
pas 1 centigramme, mais moins de 1 milligramme de sulfoconjugué de fuchsine par litre,
en s'aidant de la teinture sur laine bien entendu.

Avec l'oxyde de mercure à froid et à chaud,
avec l'acétate mercurique et magnésie à chaud,
on obtient également des résultats très sensibles, mais moins sensibles qu'avec le bioxyde
de manganèse qui est le réactif par excellence
de trace du colorant.

Le bioxyde de plomb doit être rejeté de la
pratique en raison de cette action destructive
très évidente, qui augmente de rapidité avec
l'acidité du vin et la température. Quelques
milligrammes de sulfo de fuchsine échapperont
fréquemment, avec ce réactif. Or on sait que
les expertises ou contre-expertises, faites à une

longue échéance après les saisies, exposent à ne trouver que des traces de colorant.

Les trois réactifs que nous avons indiqués seuls doivent rester dans la pratique.

Pouvoir spectral. — Nous avons vu que la fuchsine donnait une bande d'absorption extrêmement nette et intense, visible en liqueur très étendue. Le sulfoconjugué de la fuchsine donne la même bande un peu déplacée vers le rouge et en même temps une autre bande à la naissance du bleu.

Les deux bandes disparaissent sous l'influence d'un alcali avec la coloration rouge de la liqueur.

Mélange de vin fuchsiné et sulfofuchsiné. — Le problème peut se poser de reconnaître dans un vin un mélange de sulfoconjugué de la fuchsine et de fuchsines ordinaires.

On peut faire un premier essai avec l'hydrate d'oxyde de plomb humide. Nous avons reconnu que cet oxyde était plus sensible pour les fuchsines que pour le sulfoconjugué de la fuchsine. Tandis qu'il permet de reconnaître 1 milligramme de fuchsine dans un litre de vin il ne décèle qu'un peu plus de 1 centigramme de sulfoconjugué par litre.

Ce réactif peut toutefois être utile. On chauffe à l'ébullition 10 centimètres cubes de vin par 2 grammes de cette hydrate d'oxyde de plomb renfermant encore, comme nous l'avons dit, 50 pour 100 d'eau. Il filtre un liquide parfaitement incolore, sinon on ajouterait un peu d'hydrate d'oxyde. La rosaniline aussi bien que la sulfo rosaniline sodique passent incolores.

On ajoute de l'acide acétique au liquide filtré. La coloration rouge réapparaît. L'addition inverse d'un peu de potasse décolore totalement le liquide à nouveau. Le liquide rouge, après addition d'acide, agité avec l'alcool amylique, laissera passer partiellement la matière colorante dans l'alcool, dans le cas d'un mélange de fuchsine et de son sulfoconjugué. Si la liqueur ne renferme que de la fuchsine, l'alcool amylique s'emparera de la totalité de la couleur, l'eau restera incolore; si elle ne renferme que du sulfoconjugué, l'alcool amylique n'enlèvera pas trace de colorant. Nous avons déjà signalé cette distinction importante.

Si on a affaire à un mélange, rien ne sera plus simple après le traitement par l'alcool amylique de faire l'examen spectral et de l'alcool et de l'eau, puis de teindre la laine avec les deux dissolvants séparés, pour faire réagir ensuite l'acide chlorhydrique concentré. On voit de suite la filière des réactions employées pour reconnaître qu'on a affaire à des fuchsines d'abord et ensuite à un mélange de fuchsine ordinaire et de son sulfoconjugué.

Maintenant nous pouvons supposer le cas où le vin soit très peu sulfofuchsiné. Le sulfoconjugué peut échapper retenu par l'oxyde de plomb. Il faut donc faire un essai avec l'oxyde de mercure qui laisse passer intégralement le sulfo de fuchsine, ou un essai avec le bioxyde de manganèse.

IV

Vins colorés par les matières colorantes basiques de la houille.

La fuchsine et son sulfoconjugué que nous avons étudiés longuement dans les articles précédents, ne sont pas les seuls colorants à élément basique qu'on rencontre dans les vins. Assurément les fuchsines sont le plus employées. Toutefois on a pu rencontrer d'autres substances, quoique accidentellement, rentrant dans le cadre des matières colorantes basiques de la houille. Nous citerons la safranine, la mauvaniline, la chrysotoluidine, le brun d'aniline, l'amido-azobenzol, la chrysoïdine.

La méthode générale que nous avons indiquée pour la fuchsine, si non pour son sulfoconjugué, est applicable à la recherche de ses composés basiques.

On traite 100 centimètres cubes de vin par un petit excès d'alcali, soude, potasse ou eau de baryte. On agite avec 20 centimètres cubes d'alcool amylique ou d'éther acétique. L'alcool ou l'éther, après repos, sont décantés, puis évaporés rapidement en présence d'un brin de laine ou d'un mouchet de soie.

Les fibres séchées sont mises en contact avec divers réactifs.

Nous nous rappelons que la fuchsine isolée dans ces conditions et fixée sur la laine ou la soie prend au contact de l'acide chlorhydrique concentré une teinte feuille-morte que l'eau ramène au rouge.

La safranine teint mieux la soie que la laine. En présence de l'acide chlorhydrique faible, elle donne une teinte bleu violet ; avec l'acide sulfurique concentré, elle prend une nuance verte, qui vire en présence de l'humidité au bleu, puis est ramenée au rouge.

La mauvaniline fournit avec l'acide chlorhydrique une nuance d'abord bleu indigo, puis jaune, identique à celle produite avec la rosaniline ; l'eau en excès fait virer la solution au violet rouge.

La chrysotoluidine change peu avec l'acide

chlorhydrique; pour la caractériser il suffit de faire bouillir la solution ou le tissu teint avec unpeu de poudre de zinc. La chrysotoluidine se décolore, puis se recolore au contact de l'air.

Le brun d'aniline (brun de phénylène-dia-mine) sera moins employé que les autres pour les vins ordinaires. Mais il peut être utilisé pour colorer les vins dits de Malaga. Il colorera la laine avec une couleur jaune rouge foncé. La solution acétique un peu concentrée teint également en brun rouge; en solution étendue, la nuance qui se fixe est brun jaune; une goutte d'acide sulfurique ajoutée à la solution aqueuse la colore en mauve.

La chrysoïdine teint en jaune orange. Elle vire au rouge cramoisi par l'acide sulfurique et par l'acide chlorhydrique.

L'amidoazobensol teint en jaune paille, colore l'alcool amylique en vert et vire au rouge pon - ceau par l'acide sulfurique.

Le procédé que nous avons indiqué pour isoler d'un vin ces divers colorants, qui consiste à faire intervenir la soude ou la baryte, puis un dissolvant, n'est pas le seul utilisable.

L'hydrate d'oxyde de plomb humide donne également d'excellents résultats pour mettre en liberté les bases colorées. On l'emploie à 50 pour 100 d'eau comme pour la recherche de la fuchsine à la dose de 2 grammes pour 10 centimètres cubes de vin.

Nous avons pu reconnaître des traces de fuchsine, on se le rappelle, avec ce réactif. On peut retrouver moins de $0^{gr},00005$ de safranine dans 10 centimètres cubes de vin.

Il est à présumer que d'autres bases colorées peuvent être isolées par ces procédés. Si on introduit dans les vins des substances nouvelles qu'on n'a pas encore rencontrées ou qu'on n'a pas encore prévues, elles pourront être décelées soit par l'action de l'hydrate de plomb, soit par l'emploi de la baryte puis de l'alcool amylique, qui constitueront toujours une méthode générale excellente à suivre.

L'essai à l'oxyde de mercure pourra également être utile dans certains cas. Parfois il

altérera légèrement les bases (fuchsine ordinaire, safranine).

Comme nous le verrons dans notre marche
systématique, l'intervention successive de quelques oxydes métalliques sera de très grande
utilité pour mettre en évidence les colorants de
la houille connus ou inconnus, et pouvoir conclure d'une façon certaine à la pureté d'un vin.

V

Vins avec rouges azoïques.

Les vins colorés artificiellement avec les
rouges azoïques ne sont pas très fréquents. La
persistance de la coloration rouge en présence
des alcalis permet de reconnaître ces vins assez
facilement. Le manipulateur le moins expérimenté, si le vin est totalement coloré avec un
rouge azoïque, pourra le reconnaître en ajoutant au vin de l'ammoniaque qui fait virer au
vert un vin pur, mais laisse le rouge azoïque
intact dans un vin fraudé.

Lorsque le vin n'est que partiellement coloré artificiellement, cette réaction superficielle est insuffisante. La teinte verte de la matière colorante normale en présence des alcalis masque parfaitement une faible quantité de rouge. Dans ces conditions, un vin coloré par les azoïques est difficile à reconnaître à première vue.

D'un autre côté quelques rouges azoïques imitent à s'y méprendre la couleur du vin. Les rouges Bordeaux entre autres présentent cette qualité appréciée du falsificateur.

Toutes ces considérations ont décidé quelques chimistes industriels à faire entrer ces colorants dans la pratique. Car enfin, il faut le confesser, le falsificateur est quelquefois, — pour ne pas dire souvent, — aidé par le chimiste dans ses manipulations frauduleuses. Et les conseils de l'homme de science ne sont pas étrangers au choix de tel ou tel agent chimique qui doit échapper à l'investigation du chimiste expert.

On a dit avec raison que la lutte était engagée entre les chimistes industriels et les chimistes analystes, les premiers s'étant donné la tâche de livrer des colorants pour les vins qui échappent à l'analyse, les seconds s'efforçant de les découvrir. C'est la vérité. Aussi faut-il s'attendre à voir s'égarer longtemps des ateliers de teinture dans nos denrées alimentaires et nos boissons les riches couleurs artificielles du goudron, et en particulier les rouges azoïques.

Quoique les rouges Bordeaux, le rouge pourpre et le rouge de roccelline soient à peu près les seuls rouges, autres que les fuchsines, qu'on ait rencontrés dans les vins, nous appliquerons le procédé à d'autres rouges azoïques, tels que les ponceaux R, RR, RRR, B, les rouges de Biebrich, les crocéines, le rouges NN. Nous ajouterons à ces azoïques quelques phtaléines qui peuvent être rencontrées un jour ou l'autre dans les vins, très répandues qu'elles sont dans le commerce. Nous citerons les éosines, l'érythrosine, l'éthyléosine.

Nous résumerons dans le tableau suivant les rouges que nous allons envisager en rappelant entre parenthèses leur mode de formation pour qu'il n'y ait pas de confusion.

10.

1° Rouge soluble de roccelline (sulfoconjugué sodique).

2° Bordeaux B et Bordeaux R (diazonaphtaline et sels sulfoconjugués du naphtol-β, sels de soude).

3° Pourpre (diazonaphtaline monosulfoconjuguée et naphtol-β disulfoconjugué, sels de soude).

4° Ponceau R diazoxylol sur le disulfocon jugué du naphtol-β, sel de soude).

5° Ponceaux RR, RRR (dérivés homologues supérieurs du précédent).

6° Rouges de Biebrich (action du β-naphtol sur les dérivés azoïques sulfoconjugués de l'amidoazobenzol et inversement. Ces corps constituent les β·naphtoltétrabenzols sulfo-conjugués. Ces composés sont combinés à la soude).

7° Crocéine 3 B (diazomonosulfoamidoazo-benzol sur naphtol β monosulfoconjugué, sel de soude).

8° Rouge NN (diazonaphtaline sur naphtol-α monosulfoconjugué, sel de soude).

9° Éosine J ou B (sel de sodium de la tétra-bromofluorescéine).

11° Érythrosine (sel de sodium de la tétraiodofluorescéine).

12° Éthyléosine.

13° Safrosine (nitrobromofluorescéine).

MM. Ch. Girard et Pabst ont conseillé, pour mettre en évidence ces azoïques et les éosines, de traiter le vin par l'ammoniaque et d'agiter avec l'alcool amylique ou l'éther acétique.

On prend 50 centimètres cubes de vin, — on peut opérer d'abord avec 10 centimètres cubes, — on ajoute quelques gouttes d'ammoniaque jusqu'à ce que le liquide ait viré franchement au vert ; on agite avec 5 à 10 centimètres cubes d'alcool amylique ou d'éther acétique.

Ces dissolvants décantés et évaporés laissent un résidu sur lequel on fait agir l'acide sulfurique concentré. On obtient les colorations suivantes :

Avec roccelline : *Coloration violet pourpre.*

—   rouge pourpre : *Coloration violette* plus bleutée que le précédent.

Avec les rouges Bordeaux : *Coloration bleue.*

— les ponceaux R, RR, RRR : *Coloration cramoisie.*

— le ponceau B : *Coloration rouge.*

— les rouges de Biebrich : *Coloration vert foncé* avec les dérivés sulfoconjugués dans le noyau benzique.

— les rouges de Biebrich : *Coloration bleue* (avec les dérivés sulfoconjugués dans les deux groupes).

— les rouges de Biebrich : *Coloration violette* (avec les dérivés sulfoconjugués dans le groupe naphtol).

— l'érythrosine : *Coloration brun jaune* à chaud.

— crocéine 3 B : *Coloration bleue.*

— les éosines : *Coloration jaune.*

— la safrosine : *Coloration jaune.*

— l'éthyléosine : *Coloration jaune.*

A ces caractères de coloration au contact de l'acide sulfurique concentré on peut ajouter la coloration propre de ces couleurs en solution aqueuse. Ainsi les éosines, l'éthyléosine, présentent un phénomène de dichroïsme remarquable, tout comme le corps original, la fluorescéine.

Le rouge Bordeaux a une teinte rappelant

parfaitement le vin nouveau. Le pourpre a la même teinte, modifiée par une pointe de jaune. Le rouge de roccelline est un rouge plus jaune encore, c'est presque un orangé. Les ponceaux ont une teinte analogue.

Nous conseillons de faire des solutions aqueuses de ces couleurs à $0^{gr},1$ par litre, qui serviront de type pour un examen comparatif.

On peut recourir à l'emploi des oxydes métalliques pour mettre en évidence ces colorants, méthode qui a l'avantage d'être plus sensible que la précédente. On obtient en solution aqueuse le rouge étranger, que l'on peut reconnaître parfois en le comparant avec une solution type ; on peut toujours teindre la laine ou la soie, après acidification.

Les deux oxydes que nous conseillons pour reconnaître les rouges azoïques dans les vins sont l'oxyde jaune de mercure et l'hydrate de peroxyde de fer gélatineux humide à 90 pour 100 d'eau.

Voici les résultats qu'on obtient :

a) *Oxyde jaune de mercure.* — 20 centigrammes d'oxyde jaune de mercure permettent de reconnaître à chaud dans 10 centimètres cubes de vin :

0^{gr},00005 de rouge de roccelline, de rouge Bordeaux, d'écarlate de pourpre, 0^{gr},0001 de ponceaux R, RR, RRR, ponceau B, crocéine 3 B; 0^{gr},0005 de rouge NN.

Mais l'érythrosine et les éosines sont retenues à froid et à chaud.

b) *Hydrate de peroxyde de fer gélatineux.* — 10 grammes de cet hydrate chauffés avec 10 centimètres cubes de vin renfermant 0,0001 de tous les rouges les laissent passer. Il épargne même les éosines et l'érythrosine.

L'hydrate de peroxyde de fer est donc le réactif le plus sensible de tous les colorants rouges, surtout si l'on tient compte de la dilution apportée dans la couleur du vin essayé, par l'eau de ce peroxyde humide.

Nous ajouterons que les résultats positifs obtenus sont vrais pour des quantités très faibles de colorant. Si les colorants sont en proportion plus grande que celles signalées plus haut, ce qui est le cas le plus fréquent, on obtiendra avec les hydrates plombiques ou stanneux des résultats. Ces hydrates absorbent, il est vrai, les azoïques en formant avec eux des laques insolubles. Mais leur action s'exerce d'abord sur la matière colorante du vin. Un colorant étranger peut donc être épargné, s'il est en proportion suffisante, ou si la quantité de ces oxydes n'est pas trop forte.

D'ailleurs, ces hydrates stanneux et plombiques ne retiennent pas toujours ces rouges à l'état de combinaison ; mais parfois ils les retiennent mécaniquement. Un traitement ultérieur par l'alcool bouillant enlèvera souvent ces couleurs. Ces essais peuvent être pratiqués.

Dans tous les cas l'emploi des oxydes de mercure et de fer est suffisant au point de rendre inutile l'intervention des autres oxydes.

Nous ne ferons en terminant qu'une observation. Les quantités d'oxydes de mercure et d'oxyde de fer que nous avons indiquées sont celles qui conviennent dans la plupart des cas. Il peut se présenter des vins riches en tannin, en acides, en matière colorante normale. Il sera alors nécessaire d'augmenter les doses d'oxyde. On fera intervenir dans trois essais successifs, 20, 30 et 40 centigrammes d'oxyde de mercure, dans trois tubes à essai, sur 10 centimètres cubes de vin suspect.

D'un autre côté il faut éviter d'employer l'oxyde de mercure sans ménagement, qui aurait l'inconvénient de diminuer la sensibilité de la réaction en détruisant une portion, quoique minime, du colorant étranger. Si on a affaire à un vin coloré par des traces d'azoïques, il est nécessaire d'opérer avec ménagement.

On reconnaîtra facilement, dans le traitement de 10 centimètres cubes de vin par 20 centigrammes d'oxyde jaune de mercure finement pulvérisé, si on n'a pas fait intervenir une quantité suffisante d'oxyde, autrement dit si un peu de matière colorante du vin a été épargnée. *Le liquide filtré rouge ne doit jamais virer au vert par l'ammoniaque.* Si quelques gouttes d'ammoniaque donnent cette coloration, on a affaire à un vin très riche, qui nécessite l'intervention d'une quantité plus forte d'oxyde de mercure. C'est là un cas tout à fait exceptionnel.

Il ne faudra pas confondre avec une coloration verte le précipité jaune noirâtre que donne toujours l'ammoniaque dans le vin après traitement par l'oxyde de mercure. Il arrive que ce métal donne une combinaison soluble qui filtre. L'addition d'ammoniaque précipite de l'oxyde de mercure partiellement réduit en noir. lorsque l'alcalinisation se fait à chaud.

Nous avons étudié les principaux rouges qui peuvent être employés pour les vins. Assurément il nous était difficile de passer en revue tous ces colorants découverts. Mais on peut présumer que ces oxydes permettront de mettre en évidence bien d'autres rouges artificiels, pourvu que ces derniers n'aient pas de propriétés acides trop énergiques qui donnent avec le mercure des combinaisons salines insolubles.

Autrement dit, l'emploi de ces oxydes nous parait susceptible d'une grande généralisation.

CAZENEUVE.

11

VI

Vins avec orangés ou avec jaunes nitrés ou avec jaunes azoïques.

Les orangés et les jaunes dérivés de la houille sont fréquemment employés pour les vins. Ajoutés à un vin nouveau ils donnent, en se mariant à la couleur normale, un ton *pelure d'oignon* qui rappelle la couleur des vins vieux. Autrefois le caramel, qui sert d'ailleurs couramment à colorer les cognacs, était utilisé. Aujourd'hui on a recours aux jaunes artificiels si nombreux.

Comme nous le verrons, les colorants commerciaux vendus pour vins sont constitués souvent par un mélange tantôt de deux colorants, d'un rouge et d'un jaune, tantôt de trois colorants, d'un rouge, d'un jaune et d'un bleu.

Le jaune et le bleu figurent souvent pour une minime portion.

Il y aura donc parfois une réelle difficulté à reconnaitre les jaunes dans un vin, à moins que le vin rouge soit coloré totalement par le mélange de colorants artificiels, ou qu'on ait affaire à un vin blanc additionné de jaune pour imiter le madère ou autre vin de cette nature.

Les colorants orangés ou jaunes les plus fréquemment employés sont les suivants :

1° Orangé I (tropéoline 30, n° 1)) α-naphtolazobenzine-sulfonate de sodium);

2° Orangé II (tropéoline 30, n° 2) (β-naphtolazobenzine-sulfonate de sodium) ;

3° Orangé III (héiianthine) (diméthylamine-azobenzine-sulfonate d'ammonium);

4° Orangé IV (tropéoline 20)(diphénylamine-azobenzine-sulfonate de sodium) ;

5° Chrysoïne (jaune II, chrysoline, tropéoline R ou O) (résorcine-azobenzine-sulfonate de sodium) ;

6° Jaune de métanile (phénylamidoazobenzolmétasulfonate de sodium);

7° Azoflavine ;

8° Jaune d'or (sel de sodium du binitronaphtol) ;

9° Jaune NS (le précédent sulfoconjugué);

10° Jaune solide (sulfoconjugué de l'amido-azoorthotoluol).

Nous recommandons spécialement pour isoler les orangés et les jaunes l'emploi des oxydes métalliques.

Au lieu d'opérer sur 10 centimètres cubes il est mieux d'opérer sur 100 centimètres cubes pour mieux accuser les traces de ces couleurs. On fait agir à chaud 2 grammes d'oxyde jaune de mercure finement pulvérisé. On filtre. On met en évidence facilement 1 milligramme de ce colorant dans 100 centimètres cubes.

Comme toujours il ne faut pas faire bouillir longtemps le vin avec l'oxyde. On se contente d'amener à l'ébullition. D'autre part, on peut faire plusieurs essais en employant des doses plus faibles d'oxyde jaune, 1^{gr},5. ou 1 gramme. Souvent cette quantité sera suffisante pour absorber la matière colorante normale de 100 centimètres cubes de vin ; on évitera, d'autre part, un excès d'oxyde qui peut détruire des traces de colorant étranger.

La chrysoïne est un peu retenue par l'oxyde de

mercure. Mais les autres colorants passent bien.

Le peroxyde de fer gélatineux (90 pour 100 eau), employé à la dose de 100 grammes par 100 centimètres cubes, est un excellent réactif des jaunes et des orangés. On amène à l'ébullition et on filtre.

L'hydrate d'oxyde de plomb laisse également passer tous ces colorants, s'il n'est pas en trop grand excès. On ajoute 20 grammes d'hydrate humide (50 pour 100 eau) à 100 centimètres cubes de vin. On fait l'essai à froid; il faut quelques minutes d'agitation pour que le vin se décolore et laisse apparaitre le jaune ou l'orangé. On peut opérer à chaud en amenant à l'ébullition, et filtrer. Il faut éviter une ébullition prolongée qui peut détruire une portion du colorant étranger.

Nous recommandons l'emploi du peroxyde de fer préférablement aux autres oxydes. Grâce à ses affinités basiques peu énergiques il parait offrir sur l'oxyde de mercure et sur l'oxyde de plomb l'avantage de ménager même une trace de colorant.

Bien entendu, nous discutons la valeur de tel ou tel réactif, en nous plaçant dans les conditions où l'expert peut avoir à se prononcer sur des traces de jaune ou d'orangé. Ce sont ces cas précisément délicats et difficiles qui nous amènent à peser minutieusement l'avantage respectif des moyens employés. Et, il faut bien en convenir, ces cas sont les plus fréquents.

Comment reconnaîtra-t on ces jaunes et ces orangés une fois isolés du vin dans le liquide filtré, grâce à l'intervention des oxydes métalliques ? Les orangés ou tropéolines pourront être distingués à la teinte rose qu'ils prennent en présence des alcalis, et à la teinte jaune en présence des acides.

Chose intéressante, les vins avec tropéolines passent jaunes à la filtration après traitement à chaud par l'oxyde de mercure; ils passent roses après le traitement par l'hydrate d'oxyde de plomb qui est une base plus énergique. C'est un moyen de distinguer ces orangés des jaunes proprement dits.

L'indication la plus utile est la teinture de la laine ou de la soie avec le liquide filtré. On acidifie avec l'acide tartrique et on fait bouillir quelques minutes un brin de laine ou une petite floche de soie.

La laine teinte en jaune et séchée peut être traitée par l'acide sulfurique concentré.

L'orangé I donnera une *coloration violet rouge* que l'eau ramènera au rouge.

L'orangé II donnera une *coloration rouge Magenta* que l'addition d'eau fera virer à la coloration rouge.

L'orangé III donnera une *coloration brun jaune* que l'eau ramène au rouge.

L'orangé IV donnera une *coloration violet rougeâtre*, passant au violet Parme avec un excès d'acide sulfurique.

La chrysoïne, une *coloration jaune orangé* virant au ponceau par une petite quantité d'eau, l'eau en excès ramenant au jaune orangé. Les jaunes conservent leur teinte jaune au contact de l'acide sulfurique.

Les orangés ou tropéolines peuvent être reconnus en alcalinisant le vin avec l'ammoniaque et agitant avec l'éther acétique ou l'alcool amylique (Girard et Pabst). Ces dissolvants chassés ensuite par évaporation laissent un résidu sur lequel on peut faire intervenir l'acide sulfurique concentré comme précédemment.

VII

Vins avec bleus ou avec violets.

L'addition d'un bleu ou d'un violet au vin peut paraître au premier abord toucher au domaine de la fantaisie. Il n'en est rien. Les gros vins du Midi ont toujours une teinte bleutée. Mulder a même signalé un pigment bleu qu'il a appelé *œnocyanine* et que M. A. Gautier a reconnu être une combinaison ferrugineuse de l'*œnoline* ou *œnanthine* normale du vin. Pourquoi s'étonner qu'on ait cherché à donner l'aspect de ces *gros bleus*, comme on dit, à de petits vins rosés peu foncés en couleur? L'addition d'un bleu ou d'un violet devait donner le résultat cherché.

Autrefois on recourait plus spécialement à l'indigo pour effectuer ce bleuissage. Mais les bleus dérivés de la houille, meilleur marché, ont détrôné bientôt la matière colorante végétale.

Tantôt le bleu est ajouté directement au vin, tantôt, ce qui est le cas le plus fréquent, il entre dans la composition des colorants artificiels commerciaux, soit pour bleuter le rouge un peu trop vif, soit mélangé à du jaune et au sulfoconjugué de la fuchsine pour donner la teinte verte avec l'ammoniaque, comme la matière colorante du vin. Sous l'action de l'alcali, le sulfo de fuchsine dans le mélange tricolore devient incolore. Le jaune et le bleu reste en donnant la nuance verte cherchée. Nous reviendrons sur ce fait dans le chapitre où nous traitons de la composition de ces colorants commerciaux.

Le bleu de méthylène a été spécialement signalé. Nous ne nous occuperons que de cette couleur. Assurément d'autres bleus, comme les bleus d'aniline, les indulines, et tous ces bleus

11.

désignés conventionnellement dans le commerce sous les noms de bleus pour coton,
bleu pour laine, avec des lettres qui constituent
autant de marques pour les divers fabricants,
pourront être rencontrés tour à tour dans les
vins.

Il nous est difficile de faire une étude complète de ces colorants dont l'emploi est encore
du domaine de la théorie. Nous nous contenterons de conseiller la méthode qui nous parait
devoir s'appliquer à la plupart des cas.

La teinture sur laine, ou sur coton mordancé, devra être tentée directement dans le
vin. C'est le seul procédé, dans l'état actuel de
de nos connaissances, qui puisse mettre la plupart des bleus de la houille en évidence. Le
coton sera mordancé soit à l'alun soit au fer.

Il faut convenir que le procédé de teinture
deviendra compliqué pour déceler un bleu, si
le vin renferme également un rouge et un
jaune.

Nous avons reconnu que les oxydes métalliques qui donnent avec les rouges, les orangés

et les jaunes de si brillants résultats, retenaient la plupart des bleus.

Le bleu de méthylène peut cependant être reconnu avec l'hydrate d'oxyde de plomb. On agite 10 centimètres cubes de vin avec 2 grammes d'hydrate d'oxyde de plomb à froid. Au bout d'un quart d'heure, en agitant de temps en temps, le vin est complétement décoloré. On ajouterait un peu d'hydrate si le liquide était encore légèrement teinté. On recueille la laque plombique sur un filtre. On la traite, une fois suffisamment égouttée, par quelques centimètres cubes d'alcool bouillant qui passe coloré en bleu. Nous avons ainsi pu mettre en évidence des traces de bleu de méthylène. Le liquide bleu est évaporé sur la laine, qui fixe la couleur que l'acide sulfurique concentré fera passer au vert.

D'après MM. Ch. Girard et Pabst le bleu de méthylène peut être reconnu assez facilement dans un vin en teignant à l'ébullition un peu de fulmicoton. Ce dernier fixe le bleu à l'exclusion de la matière colorante du vin. Si le vin est très acide, il est bon de le saturer partiellement.

Nous avons également constaté qu'un vin coloré au bleu de méthylène additionné d'une quantité de magnésie convenable pour saturer l'acidité du vin, puis d'alcool amylique, laisse passer dans cet alcool le colorant par l'ébullition.

Nous signalerons en passant l'emploi de l'hydrate de peroxyde de fer, pour reconnaître dans le vin le bleu d'indigo, colorant naturel ou artificiel, comme on voudra, puisqu'il peut être fait aujourd'hui par synthèse.

En faisant bouillir 10 centimètres cubes de vin avec 10 grammes d'hydrate de peroxyde de fer gélatineux l'indigotine soluble passe à la filtration. En lavant l'hydrate avec l'alcool bouillant, ce dernier entraîne une plus forte proportion de colorant.

Cette réaction, qui est assez sensible, ne peut convenir cependant pour retrouver des traces d'indigo. Elle est toutefois préférable à celles déjà connues.

VIII

Vins avec plusieurs matières colorantes artificielles.

Un expert peut être aux prises avec un vin renfermant plusieurs matières colorantes. L'addition au vin d'un colorant tricolore, composé de rouge, de jaune et de bleu est un fait courant, nous l'avons dit.

D'autre part, l'habitude des coupages dans le commerce des vins peut faire mélanger deux vins colorés artificiellement par des colorants différents, soit tous deux dérivés de la houille, soit l'un artificiel et l'autre naturel végétal ou animal (cochenille).

On entrevoit de suite les difficultés chimiques qui peuvent se présenter. Assurément la reconnaissance d'un seul colorant dans une expertise est suffisante déjà pour éclairer la justice sur la qualité d'un vin et l'amener à rendre un jugement motivé. Mais le chimiste veut et doit aller plus loin et ne pas se contenter de résoudre une partie seulement du problème. La nature de chaque colorant, leur quantité respective, peuvent éclairer singulièrement sur les manipulations que le vin a pu subir.

Il est donc commandé de poursuivre l'analyse sous toutes ses faces, lors même qu'on s'expose à quelques déceptions.

Il est en effet très difficile de reconnaître et d'isoler dans un vin trois colorants par exemple, lorsque deux en particulier figurent pour une minime portion.

Dans une analyse récente, un colorant commercial a été saisi en même temps que le vin coloré avec ce colorant. Nous avons reconnu à l'aide d'une méthode que nous exposerons dans un chapitre spécial (voir page 237) que ce colorant se composait de rouge pourpre 63 pour 100, de bleu de méthylène 6 pour 100, de jaune solide 6 pour 100, de sulfate de soude 25 pour 100. De l'aveu même du falsificateur 12 grammes de ce colorant avaient été ajoutés par hectolitre, soit 12 centigrammes par litre.

Chaque litre renfermait, donc tout calcul fait, $0^{gr},0756$ de rouge pourpre, $0^{gr},0072$ de bleu de méthylène et autant de jaune solide. Nous eûmes certaines difficultés à saisir une trace de bleu et de jaune, tandis que l'analyse du colorant lui-même nous avait permis, comme nous le dirons plus tard, de séparer nettement les trois couleurs. Il n'est pas douteux que le vin constitue un milieu très délicat à explorer pour saisir des traces de colorant qui contractent souvent des combinaisons avec le tannin ou autre principe immédiat. D'ailleurs dans l'exemple choisi le vin était saisi depuis long-temps; les colorants étaient partiellement altérés.

Les quelques régles de recherches, que nous allons indiquer, n'ont donc qu'une valeur relative, en raison des difficultés inhérentes à la question soulevée, et en raison surtout de la multiplicité des cas qui peuvent se présenter, impossibles à prévoir. On conçoit, en effet, la possibilité de mélanges innombrables, vu le grand nombre des couleurs connues, soit naturelles, soit artificielles. Nous n'envisagerons donc que les mélanges les plus fréquents.

Nous ne dirons rien d'un mélange de fuchsine et de sulfoconjugué de la fuchsine, que nous avons déjà caractérisé, page 168.

Nous aborderons les cas suivants :

1° Mélange de fuchsine ordinaire ou sulfoconjugué avec un rouge azoïque ;

2° Mélange de fuchsine sulfoconjugué avec la cochenille ou encore avec l'orseille ;

3° Mélange des rouges (fuchsine ou azoïques) avec un jaune ;

4° Mélange de sulfoconjugué de fuchsine de jaune solide et de bleu de méthylène.

A. — Mélange de fuchsine ordinaire ou sulfoconjuguée avec un rouge azoïque.

Premier essai. — On ajoute à 10 centimètres cubes de vin par 2 grammes hydrate d'oxyde de plomb à 50 pour 100 d'eau, récemment précipité autant que possible. On fait bouillir. Le liquide filtre incolore. L'addition d'un acide fait apparaître une coloration rouge.

On conclut à la présence d'une fuchsine. On agite avec l'alcool amylique. Le colorant passe dans l'alcool : on a affaire à la *fuchsine*; il ne passe pas, on a affaire à la *fuchsine sulfo-conjuguée*.

REMARQUE. — Si dans le traitement par l'hydrate d'oxyde de plomb le liquide filtre coloré, et que l'addition d'ammoniaque donne une coloration verte à ce liquide, il faut recommencer l'expérience en employant cette fois 2^{gr},50 à 3 grammes hydrate d'oxyde de plomb. La réaction précédente indiquerait que la quantité d'oxyde, tout d'abord employée, est insuffisante pour saturer complètement la ma-tière colorante normale du vin.

Il peut arriver également que le liquide filtre rouge, sans que l'addition subséquente d'ammoniaque fasse virer au vert la couleur. Le liquide, dans ce cas-là, peut être décoloré par l'ammoniaque, indice encore des fuchsines que l hydrate d'oxyde de plomb a épargné sans les décomposer, intervenu en quantité insuffi-sante. D'autres fois l'ammoniaque laissera le liquide rouge sans changement. On aura affaire soit à la safranine, soit à un azoïque.

On recommencera l'opération encore cette fois avec 2gr,50 à 3 grammes hydrate d'oxyde de plomb qui en excès retiendra l'azoïque, et ne laissera passer que les fuchsines décolorées ou bien la safranine qui reste intacte et qu'on reconnaitra à ses caractères.

Le cas particulier, que nous venons de supposer, concernant l'insuffisance des 2 grammes oxyde de plomb pour saturer la matière colorante du vin, retenir les azoïques et dérober les fuchsines, est exceptionnel.

De nombreux essais, que nous avons pratiqués, nous permettent de conclure que les 9/10 des vins sont décolorés avec cette quantité.

Second essai. — On chauffe à l'ébullition 10 centimètres cubes de vin avec l'acétate mercurique et la magnésie. On peut employer l'acétate mercurique sec. On ajoute une pincée de ce sel et autant de magnésie. Le liquide filtré passe incolore : *absence d'azoïques :*

rouge de roccelline, rouges Bordeaux, rouge pourpre, etc.

REMARQUE. — Si le liquide passe coloré et que l'ammoniaque ne modifie pas la nuance, on conclut à un rouge azoïque que l'on caractérise en teignant à chaud la laine mordancée à l'acide tartrique, puis touchant la laine teinte et sèche avec l'acide sulfurique concentré. J'admets bien entendu que le vin était sans fuchsine. S'il y a mélange de fuchsine sulfoconjugué et de rouge azoïque il faudra faire passer dans l'alcool amylique le rouge azoïque de sa solution aqueuse préalablement alcalinisée par l'ammoniaque.

L'alcool amylique évaporé laissera un résidu qu'on pourra caractériser cette fois avec l'acide sulfurique.

Nous venons d'exprimer en quelques lignes les méthodes à suivre dans le cas d'un mélange de fuchsines et d'azoïques. L'initiative de l'opérateur complétera ces indications avec la variété des cas qui peuvent se présenter.

B. — **Mélange de sulfoconjugué de fuchsine avec la cochenille ou encore avec l'orseille.**

Première méthode. — MM. Ch. Girard et Pabst conseillent d'aciduler le vin par l'acide chlorhydrique et d'épuiser par plusieurs traitements à l'alcool amylique (agitations et décantations successives). Les produits de l'orseille ou de la cochenille se dissolvent. Le sulfo de fuchsine resté dans la solution aqueuse se décolore par l'ammoniaque avec virage au rouge par l'acide chlorhydrique. Si la solution aqueuse après traitement par l'alcool amylique est restée incolore, on conclut à l'absence de sulfo de fuchsine. Toutefois, la cochenille ne passe pas entièrement dans l'alcool amylique. La solution aqueuse en retient un peu. Il sera donc bon de faire un essai, comme nous l'avons dit pour les vins sulfofuchsinés, avec l'acétate de mercure et la potasse, ou l'acétate de mercure et la magnésie pour retenir complétement la cochenille et l'orseille. Le sulfo de fuchsine pourra être caractérisé nettement dans le liquide filtré.

Dans le premier essai, la cochenille ou l'orseille sera caractérisée dans l'alcool amylique à l'aide de ses réactions propres, par l'action de l'ammoniaque entr'autres.

Seconde méthode. — Pour reconnaitre le mélange de sulfoconjugué de fuchsine et de cochenille ou d'orseille, je conseillerai la marche suivante.

On agitera un quart d'heure le vin suspect avec son poids de bioxyde de manganèse. On filtre le vin naturel ; le vin cochenillé, ou le vin orseillé, suivant la proportion de ces colorants, passera à la filtration plus ou moins jaune, mais jamais rouge. Une trace de sulfo de fuchsine, nous l'avons déjà dit, passera avec sa couleur.

Le liquide jaune provenant de l'action du bioxyde de manganèse sur le vin coloré par les colorants végétaux ne teint jamais la laine en présence de l'acide tartrique. La moindre trace de sulfo de fuchsine se portera sur la laine. La décoloration par l'ammoniaque, la coloration feuille-morte par l'acide chlorhydrique con-centré, achèveront de préciser la nature du colorant.

Ce premier essai effectué, on recherche la cochenille par l'hydrate stanneux ou le réactif Bellier. On fait bouillir avec une pincée de protochlorure d'étain desséché et de borax desséché 10 centimètres cubes de vin. On filtre; dans ce liquide filtré, on ajoute l'ammoniaque, qui met en évidence la cochenille, le sulfo de fuchsine qui passe également décoloré. On peut faire bouillir 10 centimètres cubes de vin avec 2 grammes d'hydrate stanneux humide à 70 pour 100 d'eau. Le résultat est le même.

Dans un troisième essai, on fera bouillir 10 centimètres cubes de vin avec une pincée d'un mélange à parties égales acétate de plomb desséché et borax. Le liquide filtré coloré sera encore traité par l'ammoniaque qui donne une couleur violette avec l'orseille.

Dans un quatrième essai on fera bouillir 10 centimètres cubes de vin avec 20 centi-grammes oxyde jaune de mercure, qui est destiné à montrer qu'il n'y a pas de couleurs rouges azoïques avec lesquelles on pourrait confondre la cochenille et l'orseille. Ces colorants végétaux sont retenus par l'oxyde jaune.

C. — Mélange des rouges avec un jaune.

Premier essai. — On traite 100 centimètres cubes de vin par 10 grammes d'hydrate d'oxyde de plomb humide à 50 pour 100 d'eau. On ajoute l'hydrate peu à peu dans le vin en faisant bouillir. Il arrive un moment où la coloration rouge a disparu, parfois avant que les 20 grammes aient été ajoutés. Il reste un liquide jaune. On filtre. Acidulé, ce liquide jaune vire au rouge jaunâtre. C'est l'indice de la présence simultanée d'une fuchsine avec un jaune. Reste à caractériser le jaune, ce qui est une opération délicate si on a obtenu une trace de colorant, ce qui est le cas le plus habituel.

Second essai. — Dans un second essai, on chauffera 10 centimètres cubes de vin avec l'acétate de mercure et la magnésie. Si le liquide filtre rouge ou rouge jaune d'emblée, sans addition

d'acide, on peut conclure à la présence d'un
azoïque rouge.

D. — Mélange d'un rouge, d'un jaune et de bleu de méthylène.

On traitera comme précédemment avec l'hydrate d'oxyde de plomb 100 centimètres cubes
de vin, mais on agitera à froid. On ajoute
l'oxyde peu à peu en agitant fréquemment ;
l'opération dure un peu plus d'un quart d'heure.
Le liquide qui surnage le précipité plombique
est jaune. On le recueille avec une pipette et
on le jette sur un filtre. On conserve ce liquide
jaune pour des examens de teinture. On recueille
le précipité plombique sur un filtre sans plis.
Une fois égoutté, on le lave avec de l'alcool
bouillant qui entraîne le bleu de méthylène
retenu mécaniquement. On caractérisera le bleu
comme nous l'avons dit (page 193).

Pour reconnaitre les rouges, on fera bouillir
le vin avec l'oxyde jaune de mercure (20 centigrammes avec 10 centimètres cubes). Les
rouges passeront.

Avec le bioxyde de manganèse utilisé dans les conditions que nous avons dites, nous reconnaitrons la présence ou l'absence de sulfo de fuchsine.

Sans insister plus longuement, on se rend compte de la marche à suivre lorsqu'on se trouve aux prises avec le problème compliqué d'un mélange de colorants dérivés de la houille dans un vin. Nous avons abordé quelques mélanges, ceux les plus habituellement rencontrés. D'autres mélanges pourront être caractérisés dans des essais successifs reposant sur les mêmes principes.

On comprend que nous nous limitions dans cet exposé, laissant à l'initiative du chimiste aidé de nos indications, le soin d'instituer, suivant les cas, une marche appropriée.

IX

Vins avec cochenille, phytolacca decandra, betterave et orseille.

Nous ne voulons pas revenir sur les méthodes proposées dans le livre de M. Armand

Gautier[1]. Ce sont des méthodes nouvelles que nous apportons, les premières dues à M. Bellier, les secondes instituées par nous. On pourra les utiliser conjointement avec les autres. Nous recommandons leur sensibilité, dans les limites très suffisantes indiquées par l'auteur.

C'est la présence simultanée de ces colorants avec les colorants dérivés de la houille qui nous engage à donner ces quelques indications sur la reconnaissance des quelques colorants végétaux.

Première méthode. — Pour reconnaître la cochenille, le phytolacca et la betterave, on prépare la poudre suivante :

Protochlorure d'étain desséché. .   94
Borax desséché.   217

Il est important de dessécher les substances; car avec leur eau de cristallisation, elles réagissent l'une sur l'autre en dehors de leur emploi, et le mélange perd de sa sensibilité.

Pour l'orseille on prépare le mélange en poudre suivant :

---

[1] *Traité de la sophistication des vins, loc. cit.*

Borax desséché et pulvérisé. .   .   50
Acétate de plomb pulvérisé   .   .   .   50

Mode opératoire. — On verse dans un tube à essai environ 10 centimètres cubes de vin. On ajoute une pincée du mélange étain-borax. On agite, on porte à l'ébullition et on filtre. La quantité de mélange nécessaire pour 10 centimètres cubes de vin assez fortement coloré est d'environ $0^{gr},4$.

Un vin pur filtre incolore ou à peine jaunâtre. Les trois colorants, au contraire, passent à la filtration. Le procédé est suffisamment sensible pour reconnaitre 4 à 5 pour 100 de la coloration totale du vin en cochenille. Il est moins sensible pour le phytolacca et la betterave.

Le passage de la cochenille en solution acide dans l'alcool amylique la distingue du phytolacca et de la betterave.

Pour rechercher l'orseille, on opère exactement comme ci-dessus avec l'acétate de plomb mélangé de borax. Tandis que le vin filtre par addition de $0^{gr},4$ de poudre pour 10 centimètres cubes de vin, le vin coloré à l'orseille filtre plus ou moins violet.

Cette recherche de l'orseille devra s'effectuer, lorsqu'on aura reconnu que le vin ne renferme ni dérivés de la houille, ni cochenille, par des essais préalables.

Seconde méthode. — A côté de ces réactifs, nous avons recours aux hydrates d'oxydes métalliques humides, c'est à dire à notre méthode générale qui nous a donné d'intéressants résultats avec les dérivés de la houille.

Dans un vin qui a passé incolore avec l'oxyde jaune de mercure, c'est-à-dire qui ne renferme pas de dérivés de la houille, nous recherchons la cochenille avec l'hydrate stanneux. 10 centimètres cubes de vin chauffés avec 2 grammes d'hydrate stanneux humide à 70 pour 100 d'eau. filtre coloré en rouge lorsqu'il est cochenillé. Une trace de cochenille est à peine retenue. L'action des acides, puis de l'ammoniaque, qui modifient la teinte, le passage dans l'alcool amylique en solutions acides. l'action de l'oxyde jaune de mercure qui la retient, sont autant de caractères qui distinguent la cochenille des rouges azoïques.

Le phytolacca et la betterave passent également, mais il faut employer l'hydrate stanneux avec ménagement. On pratiquera trois ou quatre opérations avec le vin en ajoutant pour 10 centimètres cubes de vin suspect, dans une série d'essais successifs, 1 gramme d'hydrate, 1^{gr},50 1^{gr},75, 2 grammes. De cette façon on évite l'excès d'hydrate et la réaction devient plus sen - sible. L'expérience démontre que la matière colorante normale du vin est absorbée avant les autres : de là l'intérêt pratique à fractionner cet emploi de l'hydrate stanneux.

L'hydrate de plomb humide employé dans les mêmes conditions pour rechercher l'orseille, c'est-à-dire avec intervention fractionnée dans une série d'essais, met en évidence facilement l'orseille.

Comme précédemment, il faut s'assurer que l'oxyde de mercure ne révèle aucune trace de colorants de la houille.

X

Sur les spectres d'absorption de quelques matières colorantes.

Nous ne voulons pas faire une étude complète des spectres produits par les diverses matières colorantes. Nous renvoyons le lecteur à l'ouvrage de Vogel *(Die praktische Spectral-Analyse irdischer Stoffe)*, où il trouvera cette vaste question abordée *in extenso*.

Nous nous contenterons de donner quelques renseignements sur les matières colorantes les plus récemment employées, dont quelques-unes mêmes ne sont pas décrites par Vogel. MM. Girard et Pabst, directeurs du laboratoire municipal de Paris, ont précisément publié un travail sur les spectres de ces couleurs de la houille les plus utilisées pour les vins et même pour les sirops. Ils l'ont accompagné d'un dessin indiquant les variations de l'absorption à différents états de concentration. Nous publions ci-joint ce graphique que nous devons à leur obligeance.

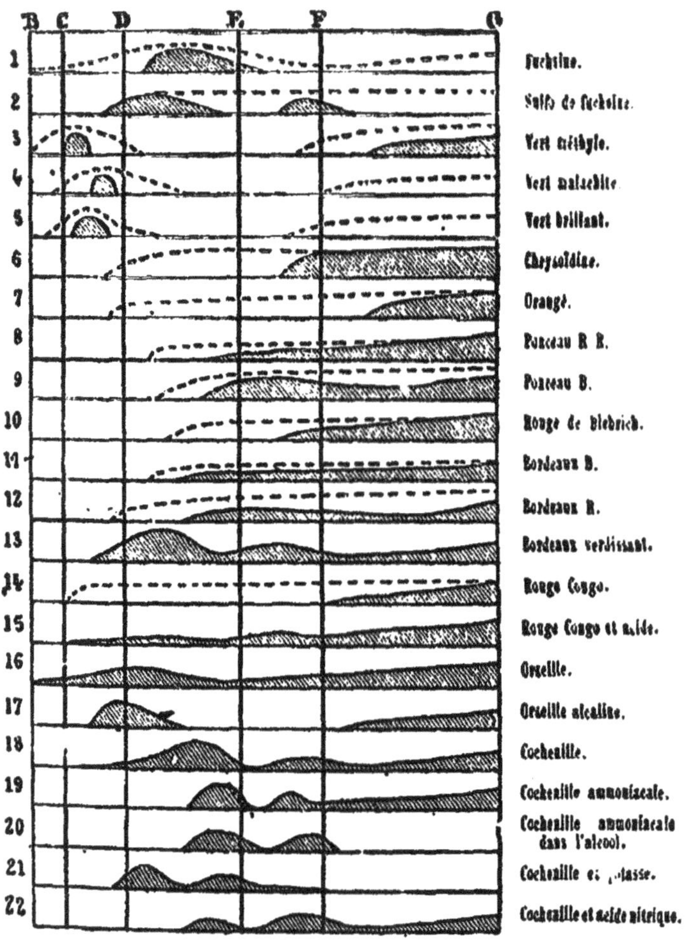

B C D E F G
1 Fuchsine.
2 Sulfo de fuchsine.
3 Vert méthyle.
4 Vert malachite.
5 Vert brillant.
6 Chrysoïdine.
7 Orangé.
8 Ponceau R R.
9 Ponceau B.
10 Rouge de blebrich.
11 Bordeaux B.
12 Bordeaux R.
13 Bordeaux verdissant.
14 Rouge Congo.
15 Rouge Congo et acide.
16 Orseille.
17 Orseille alcaline.
18 Cochenille.
19 Cochenille ammoniacale.
20 Cochenille ammoniacale dans l'alcool.
21 Cochenille et potasse.
22 Cochenille et acide nitrique.

Nous ferons remarquer que la place indiquée pour la raie E dans cette figure correspond à l'espace moyen entre les raies E et F.

Nous avons déjà indiqué, page 136, les caractères du spectre produit par du vin de vendange. Nous regrettons que ce spectre ne soit pas figuré dans la planche pour servir de comparaison avec les autres couleurs.

La fuchsine donne une bande d'absorption extrêmement nette et intense, visible en liqueur très étendue. Le sulfoconjugué de la fuchsine donne la même bande un peu déplacée vers le rouge, et en outre une autre bande à la naissance du bleu. Nous avons déjà indiqué ces réactions spectrales si importantes.

D'emblée on pourra reconnaître avec un petit spectroscope de poche la présence des fuchsines, soit dans un vin, soit dans un sirop. On comprend ensuite l'importance de cet examen si rapide, lors des tournées dans les boutiques des inspecteurs des laboratoires municipaux.

MM. Girard et Pabst ont organisé dans le

Laboratoire municipal de Paris un vaste tableau avec le spectre d'absorption de chaque colorant. Les chimistes du Laboratoire peuvent en moins d'une minute, l'œil armé du petit spectroscope de poche, contrôler instantanément pour ainsi dire les vins et les sirops, et se rapporter au tableau qui les renseigne.

On remarquera que si les azoïques présentent un spectre peu différent les uns des autres, du moins ils se différencient nettement des fuch-sines, de la cochenille et de l'orseille.

Les parties ombrées avec des hachures dans la planche indicatrice indiquent la variation de l'intensité de l'absorption, suivant telle ou telle couleur du spectre. Le pointillé indique le maximum d'absorption avec des solutions très concentrées.

XI

Action du temps sur les colorants de la houille dans les vins.

Le vin, qui est un milieu chimique complexe, solution hydralcoolique de principes minéraux et de principes organiques, est le siège de transformations chimiques lentes, mais incessantes. Il est facile, à la dégustation, de distinguer un vin nouveau d'un vin vieux. Ce dernier a une autre couleur, un autre parfum, une autre saveur. La matière colorante semble s'être oxydée, elle a changé de nuance; d'autres principes probablement se sont réduits ; les acides ont réagi sur l'alcool et même sur les alcools (traces d'alcools supérieurs) pour donner des éthers qui concourent à donner au vin son bouquet; la crème de tartre s'est partiellement précipitée avec un peu de tannin et de matière colorante.

Une question se pose. Que deviennent les colorants de la houille avec le temps dans le milieu complexe où la plupart des éléments subissent quelques métamorphoses? Ce n'est pas là une simple question de curiosité. Un intérêt pratique de premier ordre s'y rattache.

Un vin renfermant du sulfoconjugué de la fuchsine en quantité très appréciable, analysé à de longs mois de distance, vient-il à se dépouiller partiellement ou totalement de ce colorant étranger, peut donner lieu à une expertise contradictoire, avec résultats différents, qui jettent les juges dans un singulier embarras.

Le fait s'est produit à Lyon à plusieurs reprises. Tel vin analysé par le laboratoire municipal avec le plus grand soin était déclaré sulfofuchsiné, renfermant une quantité très notable de colorant artificiel. Le même vin, analysé quelque temps après au Laboratoire municipal de Paris, ne renfermait plus qu'une trace de sulfofuchsine.

Ces derniers temps, le Laboratoire municipal de Lyon effectua des saisies très nombreuses de vins sulfofuchsinés. Les juges d'instruction s'adressaient à de nouveaux experts pour contrôler les analyses du Laboratoire. Le nombre des saisies était tel que le vin dut rester longtemps en souffrance, d'abord dans les tonneaux avant que le commissaire aux délégations judiciaires prit des échantillons, puis les experts furent dans la nécessité eux-mêmes d'ajourner à de longues semaines l'analyse chimique de quelques vins recueillis. Huit et dix mois se passèrent ainsi entre l'analyse du Laboratoire et la contre-expertise.

Nous eûmes ainsi entre les mains un vin qui ne renfermait plus qu'une trace de sulfo de fuchsine par litre. L'oxyde jaune de mercure si sensible, l'acétate de mercure et la magnésie laissaient passer un liquide absolument incolore. En traitant 100 centimètres cubes de vin par 100 grammes bioxyde de manganèse, laissant un quart d'heure en contact, en agitant puis filtrant, j'eus un liquide après acidification, avec une teinte rose tellement faible, que la coloration légèrement jaune provenant de l'oxydation de la matière colorante du vin, la masquait presque totalement. La teinture de la laine au sein du liquide leva tous les doutes. Nous estimons la quantité de sulfo de fuchsine trouvée à trois ou quatre dixièmes de milligramme par litre.

On avait trouvé au Laboratoire municipal de Lyon 1 centigramme par litre.

Quelque temps encore, et le vin examiné n'aurait renfermé plus trace de ce colorant.

C'est donc un fait démontré que le vin perd à la longue le sulfoconjugué de la fuchsine. On a signalé, il y a quelques années, un phéno-mène analogue à l'époque où la fuchsine était en vogue. M. Fallières a trouvé des vins fuch-sinés d'où la fuchsine s'était précipitée, soit en partie, soit en totalité, et qui avait pris une odeur putride spéciale.

Il est indiqué, lorsqu'on analyse un vin sus-pect, d'examiner toujours les lies, dans les-quelles le colorant s'est généralement précipité. Les lies recueillies, traitées par l'alcool fort bouillant, abandonnent généralement les fuch-sines. L'alcool chassé en partie, on traite le résidu aqueux comme à l'ordinaire, avec les oxydes métalliques. Mais au bout d'un certain temps, le colorant disparaît même des lies : il subit une décomposition profonde et devient introuvable.

Cette précipitation du colorant dans les lies n'est pas particulière aux fuchsines ; les rouges azoïques semblent dans certaines circonstances se précipiter également. A la longue ils disparaissent du vin en totalité.

Nous avons institué une série d'expériences pour nous rendre compte des conditions de cette disparition, pour saisir les causes déterminantes.

Premier essai. — Un vin pur du Beaujolais a été additionné, un premier lot de 1 centigramme par litre de sulfo de fuchsine, un deuxième lot de 1 centigramme par litre rouge Bordeaux, un troisième lot de 1 centigramme par litre rouge pourpre, un quatrième lot de 1 centigramme de bleu de méthylène. Ces quatre lots ont été divisés chacun dans quatre flacons. Un flacon a été empli jusqu'au bouchon pour éviter l'action de l'air, un autre a été empli à moitié afin de permettre aux germes d'évoluer dans le liquide en vidange ; un troisième et un quatrième flacon ont reçu du même vin préalablement étendu d'eau pour favoriser les maladies ; l'un a été empli jusqu'au bouchon, l'autre n'a été empli qu'à moitié. Pour chaque espèce de colorant, nous avons donc préparé quatre expériences, dans quatre conditions différentes.

Nous avons eu soin de faire un cinquième lot avec le même vin pur de colorant, que nous avons divisé encore en quatre flacons dans les conditions précédentes. Nous avons conservé ce cinquième lot comme témoin.

Ces liquides ont été abandonnés à la température du laboratoire.

Au bout de trois mois, ces vins ont été examinés. Les deux flacons en vidange du vin témoin avaient été la proie du *mycoderma vini*. Ils ne s'étaient pas décolorés. Au fond des flacons s'était formé un dépôt des cellules mortes du mycoderme, dépôt à peine coloré. Les deux flacons pleins avaient été envahis par le mycoderme, dans des proportions moindres ; la lie était faible.

Les lots de vin coloré nous ont donné à l'examen les résultats suivants :

Tous les vins renfermaient encore les colorants introduits, mais la quantité avait diminué spécialement dans les échantillons étendus d'eau et laissés en vidange. La végétation intense du *mycoderma vini* semblait avoir déterminé une lie plus abondante. Cette lie renfermait de nombreux déchets cellulaires, teints par le colorant. A mesure que les cellules meurent il semble que leur protoplasma se teint, absorbe la matière colorante, et l'entraine ainsi progressivement de sa solution avec du vin. Les vins sans addition d'eau dans les flacons pleins et bien bouchés avaient conservé leur colorant.

Le bleu de méthylène avait disparu plus complétement que les autres colorants, plus instable sans doute dans ce milieu chimique.

Deuxième essai. — Nous avons renouvelé l'expérience avec du vin sulfofuchsiné que nous avons laissé séjourner en vidange dans un petit tonneau en bois de chêne. Le vin renfermait 1 centigramme par litre de colorant et 11 grammes seulement d'extrait par litre, — il avait été mouillé intentionnellement. Au bout de dix mois le sulfo de fuchsine n'existait plus dans le vin; il s'était précipité dans les lies où nous l'avons retrouvé partiellement ; une certaine quantité avait totalement disparu, ayant subi une transformation que nous n'avons pas approfondie.

Le vin était d'ailleurs profondément altéré et était imbuvable. Cette altération était due à la maladie de la tourne.

Troisième essai.— Nous avons eu l'occasion d'examiner un vin mouillé qui avait été additionné d'un colorant composé de trois couleurs dérivés de la houille, le rouge pourpre, le jaune solide, le bleu de méthylène. Le colorant qui avait servi à la coloration avait été saisi simultanément. L'analyse nous en avait la composition exacte.

Le vin, dans une première expertise, avait été reconnu renfermer du rouge pourpre. Le jaune et le bleu avaient échappé. Plusieurs mois après, le vin examiné était complètement trouble ; il ne renfermait plus trace de matière colorante normale ; il avait complétement tourné. Malgré les renseignements précis sur la composition du colorant introduit, il fut impossible de trouver la moindre trace de jaune ni de bleu de méthylène dans les lies. En traitant

les lies par l'ammoniaque, nous parvînmes à
dissoudre à chaud le rouge avec lequel nous
avons pu teindre un brin de laine, après aci
dification par l'acide tartrique.

De tous ces faits est-on autorisé à conclure
que les colorants dérivés de la houille altèrent
le vin, qu'ils se précipitent en entraînant la ma
tière colorante normale? Cette interprétation ne
nous paraît pas tout à fait exacte. Assurément
le tannin du vin et la matière colorante normale,
espèce de tannin, peuvent contracter avec les
fuchsines, la safranine, des combinaisons comme
avec les autres sels d'alcaloïdes, sortes de tan
nates peu solubles qui se précipitent partielle
ment. Nous avons ainsi reconnu dans notre pre
mier essai qu'un vin sulfofuchsiné, non addi
tionné d'eau, dans un flacon plein et bien bouché
abandonnait avec le temps un dépôt renfermant
du sulfofuchsine, quoiqu'en petite quantité.

Mais ce n'est pas là la cause dominante de la
disparition des colorants de la houille dans
un vin qui a été coloré artificiellement. La
cause principale réside dans les altérations, les

maladies que subissent les vins colorés qui sont généralement des vins mouillés. Sous l'influence des microphytes qui déterminent les maladies si bien étudiées par M. Pasteur, le vin subit une altération profonde à laquelle n'échappe pas le colorant. La plupart des colorants de la houille disparaissent ainsi dans les vins tournés, soit qu'ils accompagnent les matières dans les lies, soit qu'ils se modifient chimiquement.

CHAPITRE III

RECHERCHE DES COULEURS DE LA HOUILLE DANS LES DENRÉES ALIMENTAIRES ET LES BOISSON AUTRES QUE LE VIN

Sur l'avis du Comité consultatif d'hygiène de Paris, qui a admis d'ailleurs sans restriction les conclusions de son éminent rapporteur, Ad. Wurtz, les colorants dérivés de la houille sont formellement interdits pour colorer les denrées alimentaires. Nous publions aux *Documents* (voir page 293), la liste de ces colorants, d'après les rapports de Wurtz, et d'après les arrêtés préfectoraux qui se sont essentiellement appuyés sur ces rapports.

Tant que cette loi prohibitive s'exercera

dans toute sa rigueur, c'est-à-dire qu'on ne lèvera pas l'interdit sur quelques-uns de ces produits, le devoir de l'expert-chimiste est de les poursuivre partout où il les rencontre.

Il les poursuivra dans les denrées ou les boissons qui ont été réellement falsifiées par ces colorants, tels que les vins, les sirops de groseille ou de framboise. Il les poursuivra également dans les produits de fantaisie, bonbons ou liqueurs colorés avec ces substances. Il les signalera à la justice, tout en donnant sur leur nocuité ou leur innocuité les renseignements fournis par l'expérience.

Bien que la recherche de ces colorants dérivés de la houille doive surtout nous occuper à propos des vins, nous croyons utile de donner quelques indications sur la façon de reconnaître ces substances dans les boissons les plus usuelles et les denrées alimentaires.

a) *Bière.* — Les matières colorantes ajoutées le plus souvent à la bière sont le caramel, obtenu par l'action de la chaleur sur le sucre, puis un caramel préparé en faisant cuire un mélange de glucose et de graisse, qu'on additionne ensuite de carbonate d'ammoniaque. Ce colorant est très employé en Allemagne. Enfin on utilise la chicorée torréfiée et même le sang de bœuf brûlé par l'acide sulfurique.

Les colorants dérivés de la houille, si nous nous en rapportons aux recherches effectuées par le Laboratoire municipal de Paris, parais sent peu employés. Pour les reconnaître on fait bouillir dans la bière un petit mouchet de soie pendant quelques minutes. On lave à grande eau. La bière pure ne teint absolument pas. La bière à l'acide picrique fixe son colorant sur la soie. Assurément d'autres jaunes de la houille peuvent être ajoutés à la bière et donner ce même résultat de teinture. Mais l'acide picrique est préféré en raison de son amertume excessive qui supplée à celle du houblon.

D'ailleurs, pour mieux caractériser l'acide picrique, on peut opérer de la façon suivante : On prend un demi-litre de bière qu'on évapore en consistance sirupeuse. On agite cet extrait avec 5 volumes d'alcool à 93°. L'alcool entraîne le colorant. On évapore, on ajoute de l'eau, on peut encore teindre la laine ou la soie, ou bien évaporer le résidu et faire réagir le cyanure de potassium qui donne la teinte rouge de l'iso-purpurate.

Les autres colorants dérivés de la houille pourront être isolés directement de la base par les procédés de teinture sur laine ou sur soie.

b) *Vinaigres.* — Les vinaigres rouges peuvent renfermer des colorants dérivés de la houille, soit qu'on ait coloré en rouge des vinaigres de glucose pour imiter les vinaigres de vin rouge, soit qu'on ait mis en fermentation acétique des vins colorés artificiellement. On pourra toujours mettre ces colorants en évidence à l'aide des méthodes préconisées pour les vins, c'est-à-dire par l'emploi des oxydes métalliques. La seule précaution préalable à prendre est de saturer l'acide acétique par quelques gouttes de lessive de soude. On a soin de s'arrêter dans la saturation, lorsque le vinaigre est encore faiblement acide.

On opère alors comme pour un vin. La marche est la même.

c) *Liqueurs*. — La coloration des liqueurs par les colorants de la houille se pratique couramment. D'ailleurs, on trouve dans le commerce des colorants vendus sous des noms de convention, qui sont destinés à colorer l'absinthe, la menthe, le curaçao, etc., et constitués uniquement par des mélanges de couleurs dérivées de la houille et de couleurs naturelles.

Une série d'expériences sur le chien, pratiquées avec ces couleurs, m'ont démontré qu'elles n'étaient pas toxiques; mais puisque la loi les interdit, il faut être armé pour les reconnaître.

Voici quelques noms donnés à ces colorants :

Nakara rose,	*Grenadine,*
Rouge groseille,	*Vert absinthe,*
Jaune d'or,	*Curaçao.*
Véridine,	

Dans ces colorants entrent la safranine, la fuchsine, le sulfo de fuchsine, des ponceaux, des orangés, du rouge Bordeaux.

D'une façon générale, les liqueurs sont des mélanges de sucre, d'alcool et d'essences colorés diversement. Il suffit d'ajouter à 100 centimètres cubes de liqueurs quelques centimètres cubes d'une solution d'acide tartrique à 10 pour 100, quelques brins de laine blanche, et de faire bouillir un quart d'heure. La laine lavée à l'eau est teinte par le colorant ou par les colorants. Sur la laine on fait réagir l'acide sulfurique concentré, comme il est dit page 180.

On peut encore chasser l'alcool par l'ébullition. Ajouter de l'eau et traiter par les oxydes métalliques, comme il est dit page 271.

Les colorants naturels toujours absorbés seront essentiellement distingués des colorants de la houille, par l'oxyde de mercure, l'hydrate d'oxyde de plomb humide, etc.

d) *Sirops et bonbons.* — Les sirops à essayer seront étendus d'eau, de quatre fois leur volume, puis traités par l'alcool amylique ou par l'alcool éthylique à 93° bouillant qui dissoudra le colorant. On évaporera sur la laine le liquide alcoolique additionné d'eau acidulée par l'acide tartrique. Le sirop de violette falsifié avec un bleu dérivé de la houille sera distingué à l'aide de cette méthode. Tantôt le bleu passera dans l'alcool amylique, tantôt il passera dans l'alcool ordinaire.

Une autre méthode consiste à étendre le sirop de quatre fois son volume d'eau et de traiter par les oxydes métalliques. Le sulfo de fuchsine sera ainsi mis en évidence dans le sirop de groseille en traitant le sirop étendu par le bioxyde de manganèse, ou par l'oxyde de mercure. La fuchsine sera reconnue avec l'hydrate d'oxyde de plomb. On pourra toujours teindre la laine dans le liquide filtré.

S'il s'agit de bonbons, le mieux est d'épuiser par l'alcool à 93° bouillant la matière sucrée pulvérisée, puis de faire évaporer à l'ébullition l'alcool coloré additionné d'un peu d'eau. Quand l'alcool est chassé, le liquide aqueux coloré est traité encore par les oxydes métalliques. On peut teindre encore la laine suivant la méthode ordinaire.

e) *Parfumerie et jouets d'enfants.* — Accessoirement nous joindrons à la recherche des colorants de la houille dans les boissons ou denrées alimentaires, les moyens de les reconnaître dans les produits de parfumerie ou sur les jouets d'enfant.

Une eau dentrifice, colorée avec du rouge soluble, des ponceaux, etc., se reconnaîtra facilement en chassant l'alcool et faisant intervenir les oxydes sur le liquide aqueux, puis en teignant la laine, avec intervention ultérieure de l'acide sulfurique concentré.

Les jouets d'enfants pourront être touchés directement par l'acide sulfurique concentré ou bien traités par l'alcool, et on continue l'opération comme ci-devant.

En résumé, la recherche de ces colorants repose toujours sur les mêmes principes. Seulement on modifie un peu le mode opératoire, suivant le milieu analysé.

Une fois le colorant en solution dans l'eau, dégagé d'autres matières chimiques comme le sucre en solution concentrée, lesquelles peuvent gêner, la marche est toujours la même.

On pourra retirer grand profit de l'usage du spectroscope, comme nous l'avons dit pour ces liquides colorés, liqueurs ou sirops.

CHAPITRE IV

La fabrication des colorants pour vins est devenue ces derniers temps une véritable industrie. Le falsificateur, marchand de vin ou viticulteur, ne connaît pas sa chimie généralement, pour choisir lui-même les couleurs à employer. Il a dû s'adresser à un intermédiaire plus ou moins fabricant de produits chimiques et de matières colorantes. Ce dernier a bientôt pris son mandat au sérieux et est devenu tout à fait fabricant de colorants pour vins avec prospectus éblouissants : *Maison de confiance, colorants inoffensifs, introuvables à l'analyse.*

On trouve ainsi dans le commerce des colorants pour vins sous des noms fantaisistes (vinicoline, rouge Bordeaux verdissant, etc.), qui sont constitués tantôt par un colorant unique, tantôt par deux ou trois colorants. L'expert chimiste peut être appelé à analyser ces colorants saisis. L'étude analytique de ces colorants présente la plus haute importance.

Nous aborderons d'abord dans une première partie les procédés d'analyse applicables à la séparation et à la reconnaissance des colorants, puis dans une seconde partie les propriétés de chacune des couleurs les plus répandues dans le commerce. Nous avons emprunté pour cette seconde partie la plupart des renseignements à une publication récente d'Otto Witt [1].

I

Méthodes générales à employer pour analyser les colorants pour vins.

On devra rechercher tout d'abord si le colorant à analyser est constitué par un colorant

[1] *Chemische Industrie*, 1886, p. 1.

unique ou par un mélange de colorants. Généralement, cette recherche est très simple.

Deux cas toutefois peuvent se présenter : 1° les colorants ont été mélangés mécaniquement ; 2° ils ont été mélangés par la précipitation simultanée des pigments ou par l'évaporation des solutions aqueuses.

a) *Procédé physique*. — Dans le premier cas, la reconnaissance du mélange est facile. A l'œil nu parfois, à la loupe souvent, on reconnait des grains de colorants différents, qu'on peut même isoler. On peut projeter le colorant à la surface de l'eau dans une grande éprouvette pleine d'eau. Chaque grain gagne le fond du vase, et laisse dans l'eau un sillon coloré avec sa nuance propre. Autant de fusées multicolores qui permettent d'apprécier la composition unique ou multiple de ce colorant.

Ce mélange mécanique se reconnaitra encore en répandant un peu de poudre sur du papier à filtrer qu'on humecte ensuite, soit avec l'alcool, soit avec l'eau, en mouillant la face opposée du papier. Les particules de couleur se dissolvent individuellement, et sont absorbées par le papier, qui se couvre ainsi de dessins, d'auréoles uni-colores ou multicolores, suivant que le colorant est simple ou composé. En observant le papier mouillé par transparence, le phénomène est plus éclatant. On peut même, dans certaines limites, apprécier la quantité relative des divers colorants.

Parfois plusieurs colorants rouges azoïques de nuance voisine sont mélangés. Il est alors impossible de les distinguer dans cet examen. On met à profit la propriété que présentent les azoïques de se dissoudre dans l'acide sulfurique avec des teintes très diverses.

b) *Procédé par l'acide sulfurique concentré.* — On répand avec précaution, à l'aide d'une spatule de platine, un peu de poudre de la matière colorante, à la surface d'acide sulfurique pur et blanc contenu dans une capsule de porcelaine. On observe alors si tous les grains se dissolvent avec la même couleur dans l'acide sulfurique.

Supposons un mélange d'orangé et d'écar-

lato de crocéine : on verra se produire à la surface de l'acide sulfurique des traînées rouge
carmin, à côté de traînées bleu indigo.

c) *Procédé par teinture.* — Prenons maintenant le cas d'un mélange plus intime, obtenu
par l'évaporation des solutions aqueuses.

Il est rare que dans un mélange de plusieurs
couleurs, telle ou telle ne se fixe pas plus facilement sur la fibre textile. Tandis qu'avec une
couleur homogène et unique on obtiendra en
teignant la laine une série d'échantillons teints,
gradués comme intensité, mais identiques
comme nuance, on obtiendra par un mélange de
couleurs le premier et le dernier échantillon
avec des nuances totalement différentes, et
les autres échantillons avec des nuances intermédiaires. On détermine ainsi la séparation des
couleurs. Supposons un mélange de violet et de
vert : en plongeant d'abord un échantillon de
laine, on fixera le violet plus ou moins bleuté,
puis en plongeant la soie on fixera le vert.

Qu'il s'agisse de mélanges accidentels ou
faits avec intention ou bien encore d'impuretés

de fabrication, ce procédé de teinture est des plus pratiques. Il ne demande d'ailleurs que quelques minutes.

On opère tout simplement dans des tubes à essai dans lesquels on plonge la laine ou la soie appendues à un petit crochet de platine.

Nous venons de supposer que nous avions affaire à un colorant ou à mélange de colorants quelconque. Assurément les termes du problème se trouvent réduits si nous recherchons la composition des colorants pour vins. Ces colorants sont et seront forcément limités comme nature, soit que telle nuance convienne mal pour donner au vin la robe qu'on recherche, soit qu'un certain nombre soient trop coûteux pour devenir d'un emploi courant.

Il est fréquent de rencontrer dans les colorants pour vins un mélange d'un rouge, d'un bleu et d'un jaune. Tel colorant sera un mélange de sulfo de fuchsine, de jaune solide et de bleu de méthylène, tel autre de rouge Bordeaux, de jaune solide et de bleu de méthylène. On a signalé aussi un mélange de sulfo de fuch-

sine, d'amidoazobenzol et de violet de méthyle, ou bien du sulfo de fuchsine avec le bleu
de méthylène et l'orangé à la diéphénylamine.
Aujourd'hui les mélanges de sulfoconjugué de
fuchsine avec un bleu et un jaune sont très fréquents, car l'addition d'ammoniaque qui rend
incolore le sulfo de fuchsine laisse apparaître la
teinte verte du mélange de bleu et de jaune. Ce
phénomène, au contact des alcalis, rappelle le
virage de la matière colorante du vin ou rouge
ou vert au contact de l'ammoniaque. La confusion est possible.

On pourra, dans une solution de ce mélange
tricolore, teindre la laine avec le bleu de méthylène en opérant en solution alcaline ; le jaune
restera en solution et apparaîtra. En solution
acide, on teindra avec le sulfo de fuchsine.

d) *Procédé chimique.* — Nous avons tiré le
profit le plus avantageux de l'emploi des
oxydes métalliques dans ces analyses de colorants pour vins.

Dans une expertise nous avons eu un jour à
analyser un colorant pour vin composé de :

Rouge pourpre,
Jaune solide,
Bleu de méthylène.

Nous avons opéré la séparation des trois couleurs, très facilement, de la façon suivante, au point même de pouvoir les doser. Un gramme du colorant est dissous dans un litre d'eau. Nous ajoutons peu à peu à la solution chaude de l'hydrate d'oxyde de plomb humide récemment précipité, jusqu'à ce que nous ayons eu une teinte franchement jaune, sans trace de rouge. Tout le rouge pourpre passe à l'état de laque insoluble ; le jaune est respecté. Quant au bleu de méthylène il est entraîné mécaniquement par l'hydrate d'oxyde de plomb qui le retient. Le précipité plombique égoutté sur un filtre est épuisé par l'alcool bouillant qui se teint immédiatement en bleu foncé. Tout le bleu de méthylène est entraîné par l'alcool. La laque plombique, lavée à l'alcool jusqu'à épuisement de toute trace de bleu, est décomposée par l'alcool chargé d'acide tartrique. On a une teinture rouge. On peut colorimétriquement doser les couleurs renfermées dans ces vins. C'est ainsi que dans le colorant cité nous avons trouvé 6 pour 100 de bleu de méthylène, autant de jaune solide et 60 pour 100 de rouge pourpre. Le reste du colorant était constitué par du sulfate de soude, point sur lequel nous reviendrons.

L'hydrate d'oxyde de plomb est applicable à tous les colorants tricolores pour vin. Les jaunes sont généralement respectés. Les rouges forment facilement des laques insolubles ; quant au bleu de méthylène, il est retenu mécaniquement et peut ensuite être enlevé par l'alcool.

Cette séparation des colorants préalablement par l'hydrate d'oxyde de plomb facilitera des essais de teinture ultérieurs à l'aide de la laine ou de la soie. Pour reconnaître le sulfo de fuchsine, on pourra appliquer aux colorants commerciaux le procédé au bioxyde de manganèse en présence d'un acide. Les autres colorants sont détruits, le sulfoconjugué de la fuchsine seul est respecté, comme nous l'avons dit.

c) *Recherche des matières étrangères.* — Les

colorants pour vins se trouvent fréquemment additionnés de substances non colorantes, soit par le fait de la préparation de la substance, soit pour en faciliter la vente ; l'addition de matières minérales permet de livrer à un prix inférieur.

Dans les nombreuses analyses que nous avons faites, nous avons rencontré parfois un peu de sel marin, mais très fréquemment du sulfate de soude. Ce dernier sel nous paraît être la charge par excellence de toutes les couleurs azoïques. On le décèle facilement en incinérant la matière colorante et reprenant le résidu par l'eau bouillante dans laquelle on caractérisera l'acide sulfurique et la soude. On peut encore dissoudre l'échantillon de colorant dans l'eau, déplacer la matière colorante par le chlorure de sodium pur, filtrer et faire la recherche du sulfate comme ci-dessus. L'abondance du précipité par le chlorure de baryum indiquera si le sulfate de soude est accidentel ou s'il se trouve un ingrédient important du colorant.

On a signalé dans les colorants commerciaux.

employés dans l'industrie de la teinture, d'autres matières étrangères telles que le sucre, la dextrine. Je ne sache pas qu'on ait rencontré ces substances dans les colorants pour vin. Elles pourraient être isolées, d'ailleurs, à l'aide de l'alcool fort qui dissoudrait les colorants, en laissant ces corps étrangers.

II

Réactions générales
des principales matières colorantes.

A. — MATIÈRES COLORANTES ROUGES

I. — LA MATIÈRE COLORANTE EST INSOLUBLE DANS L'EAU FROIDE OU CHAUDE OU DU MOINS TRÈS PEU SOLUBLE, MAIS ELLE SE DISSOUT BIEN DANS L'ALCOOL.

1. La solution alcoolique est rouge-saumon, sans fluorescence. La dissolution dans l'acide sulfurique concentré est rouge violet . . . . . . **Carminaphte** [1].

2. La solution alcoolique est rouge bleuté avec fluorescence rouge orangé marquée. Au spectroscope, cette liqueur montre une

[1] Ce produit peu répandu est fabriqué par la maison Durand et Huguenin (de Bâle), et trouve un emploi restreint dans l'impression des indiennes.

large bande d'absorption qui éteint toute
la partie jaune et la partie verte du
spectre. La dissolution dans l'acide sulfurique concentré est gris verdâtre; en
l'étendant avec de l'eau, elle se colore
d'abord en rouge, puis abandonne un précipité rouge violet. . . . . . . Rouge de Magdala
(Rose de naphtaline).

3. Insoluble dans l'eau froide, le produit se
dissout assez bien dans l'eau chaude. La
solution alcoolique se comporte tout à fait
comme celle du rouge de Magdala; toutefois la bande d'absorption est située un
peu plus vers la droite du spectre, de
manière à ce qu'il reste un peu de jaune
apparent. La dissolution dans l'acide sulfurique concentré est incolore; lorsqu'on
l'étend avec de l'eau, chaque goutte de
ce liquide provoque une coloration rouge
intense qui s'évanouit de nouveau lorsqu'on agite [1]. Lorsque la dilution est
suffisante, la liqueur tout entière apparaît
colorée en rouge fuchsine intense. Cette
réaction différencie absolument cette matière colorante du rouge de Mag -
dala . . . . Rouge de quinoléine.

4. La solution alcoolique offre une fluorescence plus verdâtre que les précédentes.

---

[1] La propriété de fournir avec l'acide sulfurique concentré
des solutions incolores appartient en propre aux matières
colorantes du groupe de la quinoléine; elle n'a pas été obser-
vée jusqu'ici avec des pigments d'autres classes.

La dissolution dans l'acide sulfurique concentré est jaune-citron ou orangée et ne présente à la dilution aucun phénomène de coloration particulière . **Éosines à l'alcool.**

Les différents essais à l'alcool se distinguent par les nuances qu'elles fournissent à la teinture.

5. La solution alcoolique est rouge bleu sombre. La dissolution dans l'acide sulfurique concentré est verte et vire au rouge bleuté par la dilution. . . . . . **Rhodindine.**

(Indulines de la série de la naphtaline.)

II. — LA MATIÈRE COLORANTE EST DÉJA PLUS OU MOINS SOLUBLE DANS L'EAU FROIDE; ELLE L'EST A UN HAUT DEGRÉ DANS L'EAU BOUILLANTE.

a) La solution aqueuse est précipitée par la soude caustique.

Matières colorantes basiques.

1. La solution aqueuse est rouge bleuté et vire au jaune brunâtre sous l'action de l'acide chlorhydrique ou de l'acide sulfurique. L'addition d'acétate de soude à ces liqueurs brunes ramène la teinte initiale. Un bain étendu de couleur, traité par l'ammoniaque, ne conserve qu'une teinte rouge très pâle, un échantillon de laine s'y teint à l'ébullition en rouge intense. La poudre de zinc décolore la solution d'une manière durable. Le produit solide

est en cristaux bien nets, vert mordoré,
ou en poudre verte à éclat métallique.   . **Fuchsine.**
(Rubine, Magenta,
rouge d'aniline, eto.)

2. Solution aqueuse rouge bleuté. L'ammoniaque précipite des flocons orangés que
l'éther dissout en rouge avec fluorescence
jaune. D:ssolution verte dans l'acide sulfurique concentré, redevenant rouge par
la dilution, en passant par tous les tons
intermédiaires du bleu et du violet. **Rouge de toluylène.**
(Rouge de toluène?)

Le rouge commercial est en général très
impur et les colorations indiquées appa-
raissent plus ou moins assombries.

b) **La solution aqueuse n'est pas précipitée
par la soude caustique.**

**Matières colorantes acides
ou matières colorantes basiques de la classe
des safranines.**

1. L'addition de soude caustique fait virer
la couleur de la solution aqueuse au bleu
intense. Dissolution dans l'acice sulfurique
concentré jaune brunâtre, devenant plus
rouge par la dilution . . . . . .   **Galléine.**

2. L'addition d'alcool à la solution aqueuse
fait apparaître une fluorescence jaune
gris très nette. L'addition d'un acide ne
provoque aucun précipité. La liqueur décolorée par la poudre de zinc reprend à

l'air sa coloration initiale. Dissolution sulfurique verte, devenue bleue, puis rouge par addition d'eau . . Safranine, Safranisol. Les deux composés se distinguent par les nuances qu'ils fournissent à la teinture.

3. La solution aqueuse est d'un rouge pur, avec fluorescence jaune vert d'autant plus marquée que la dilution est plus grande. Les acides précipitent des flocons orangés solubles dans l'éther ; la liqueur éthérée est d'un jaune pur sans fluorescence. Solution sulfurique jaune pur . . . . Éosine.

4. Solution aqueuse plus bleutée que la précédente, sans fluorescence. Précipité jaune paille par les acides ; soluble dans l'éther avec la même nuance. Avec l'acide sulfurique concentré, coloration jaune d'or. La poudre de zinc décolore la solution aqueuse additionnée d'ammoniaque; la liqueur décolorée, absorbée par du papier à filtrer, se colore aussitôt par l'air en rouge bleuté intense (différence avec l'éosine) . . . . Écarlate d'éosine.
(Lutécienne.)
(Bromonitrofluorescéine.)

5. Solution aqueuse rouge bleuté sans fluorescence ; précipité par les acides, orangé jaune ; soluble avec la même nuance dans l'éther. Dissolution dans l'acide sulfurique concentré, jaune orangé. La poudre de zinc décolore la solution ammoniacale ; l'exposition à l'air ne ramène pas, ou très peu, la nuance primitive. . . . . . . Phloxine,
Rose Bengale.

Différencier les deux produits par les nuances qu'ils fournissent à la teinture.

6. La solution aqueuse concentrée et chaude se prend, par le refroidissement, en une gelée. L'addition d'un acide y détermine un précipité brun floconneux. Chauffée avec de l'ammoniaque et de la poudre de zinc, la liqueur devient jaune et plus tard incolore. L'acide sulfurique concentré dissout le produit en vert-pré. La dilution fait virer la couleur au bleu puis détermine un précipité d'un beau brun . . **Écarlate de Biebrich**
(Écarlate double.)

7. Le chlorure de baryum détermine dans la solution aqueuse la formation d'un précipité floconneux rouge qui devient subitement cristallin et violet noir foncé à l'ébullition. La dissolution dans l'acide sulfurique concentré est bleu indigo ; diluée, elle passe au violet, puis au rouge . . . . **Écarlate de crocéine 3 B.**

8. La plus petite addition d'acide fait virer la solution aqueuse au bleu pur. Le coton plongé dans la liqueur aqueuse, additionnée ou non d'un peu de savon, se teint en rouge résistant au lavage. La solution sulfurique concentrée est bleu ardoise ; elle ne change pas de couleur par addition d'eau. . . . . **Rouge Congo.**

9. La solution aqueuse se prend par le refroidissement et dépose des cristaux à éclat bronzé. La dissolution dans l'acide sulfu-

rique concentré est violette ; lorsqu'on
l'étend d'eau, précipité brun . . **Ponceau de xylidine**

(Dérivé de l'acide α-naphtolsulfo-
nique, d'après le brevet alle-
mand n° 33012.)

10. La solution aqueuse concentrée, traitée
par le sulfate de magnésie, sépare, par le
refroidissement, le sel de magnésie de la
matière colorante en longues aiguilles
soyeuses. Dissolution dans l'acide sulfurique concentré, violette. Teint la laine
en beau rouge écarlate . . . **Écarlate de crocéine
7 B, extra.**

(Réaction de l'acide diazonaphto-
nique sur l'acide crocéine β-
naphtolsulfonique.)

11. L'addition de chlorure de calcium ou de
chlorure de baryum à la solution aqueuse
provoque la précipitation de flocons
amorphes. La dissolution dans l'acide
sulfurique concentré est d'un rouge rosé
ou rouge carmin pur ; par la dilution,
précipité brun rouge . . . **Ponceau R, 2 R, 3 R
Rouge d'anisol, Coccine**

Ces matières colorantes, toutes dérivées des
acides β-naphtoldisulfoniques, se distinguent par les nuances qu'elles fournissent
à la teinture.

12. Teinture sur laine rouge fuchsine. Le
chlorure de calcium précipite la solution
aqueuse en flocons rouges cristallins. La
dissolution dans l'acide sulfurique concentré est violet bleuté ; elle rougit par
la dilution . . . . **Azorubine acide**

(Brevet allemand n° 33012.)

13. Solution aqueuse brun rouge foncé ; même
nuance en teinture sur laine. Dissolution
dans l'acide sulfurique concentré bleue ;
par la dilution, précipité brun jaunâtre.
La solution aqueuse, concentrée et bouillante, additionnée de quelques gouttes de
lessive de soude concentrée, abandonne
le sel de sodium de la matière colorante
sous l'apparence de stries brunes miroi-
tantes . . . . **Rouge solide.**
(Roccelline.)

14. Solution aqueuse rouge Bordeaux. Précipités amorphes floconneux par le chlorure de calcium ou le chlorure de ba-
ryum. Solution sulfurique bleu indigo. **Bordeaux B**
(Brevet allemand n° 3280.)

15. Solution aqueuse d'un beau rouge bleuté.
Cette liqueur est entièrement décolorée
par la soude caustique : l'acide acétique
ramène la nuance primitive. Elle ne passe
pas dans l'alcool amylique. Elle résiste à
l'action du bioxyde de manganèse en
présence des acides . . . . **Fuchsine acide.**

16 L'acide chlorhydrique faible donne un
précipité jaune. L'acide sulfurique concentré donne des vapeurs de brome ; le
chlorure de calcium un précipité rouge.
La poudre de zinc le décolore. Solution
non fluorescente (voir écarlate d'éosine.) . **Nopaline**
(Nitrobromofluorescéine.)

17. L'acide chlorhydrique faible donne un
précipité jaune. L'acide sulfurique concentré donne une coloration brun jaune ;

à chaud, vapeurs d'iode. Le chlorure de
calcium donne un précipité rouge. La
poudre de zinc décolore. La potasse ne
donne rien en liqueur étendue. Solution
non fluorescente . . . . **Érythrosine**
(Iodofluorescéine.) .

18. L'acide chlorhydrique faible donne une
liqueur jaune rouge. L'acide sulfurique
concentré donne une coloration jaune
rouge, le chlorure de calcium un précipité pourpre, la poudre de zinc une
décoloration persistante. Sous l'influence
de la potasse, coloration rouge puis
pourpre . . . . **Alizarine.**

19. Par acide chlorhydrique faible, liqueur
jaune rouge. Par l'acide sulfurique concentré, liqueur rouge ; par le chlorure
de calcium précipité rouge ; par la poudre de zinc décolation persistante ; par la
potasse, liqueur rouge décolorée par le
permanganate . . . . **Purpurine.**

**B. — MATIÈRES COLORANTES JAUNES
ET ORANGÉES**

**I. — LA MATIÈRE COLORANTE EST INSOLUBLE DANS L'EAU
FROIDE, INSOLUBLE ÉGALEMENT OU TRÈS PEU SOLUBLE DANS
L'EAU CHAUDE, MAIS ELLE SE DISSOUT DANS L'ALCOOL.**

1. La solution alcoolique est jaune-citron ;
elle est peu modifiée par les acides et
par les alcalis qui en foncent légèrement
la nuance . . . . **Quinophtalone.**

2. La solution alcoolique est jaune d'or. Les acides ne la modifient pas. Les alcalis et l'acide borique la font passer au rouge brun foncé . . . . Curcuma.
(Matières colorantes du)

3. Solution jaune d'or virant au rouge par l'acide chlorhydrique. Dans cette solution alcoolique chlorhydrique, le nitrite d'amyle ne provoque ni changement de coloration ni dégagement d'azote à l'ébullition . . . . Diméthylamido-azobenzol [1].

4. Se comporte comme le précédent, sauf que le nitrite d'amyle modifie la couleur et détermine un faible dégagement d'azote . . . . Amidoazobenzol.

II. — LA MATIÈRE COLORANTE SE DISSOUT DANS L'EAU, NOTAMMENT TRÈS BIEN A L'ÉBULLITION. L'ACIDE SULFURIQUE LA DISSOUT SANS SECOLORER D'UNE MANIÈRE TRÈS MARQUÉE.

a) La soude caustique ne produit point de précipité.

Matières colorantes acides.

1. Solution aqueuse vert jaune. Son goût est très amer. Les alcalis la colorent en jaune foncé; les acides ne la modifient pas . . . . Acide picrique.

___

[1] Cette matière colorante a été employée pour colorer une cire artificielle fabriquée avec l'ozokérite; j'ignore si cette application s'est maintenue jusqu'à ce jour.

2. Solution aqueuse jaune d'or ; les acides
   y provoquent un précipité blanchâtre. **Jaune de Martius**.

3. Solution jaune d'or ; pas de précipité par
   les acides. Le chlorure de potassium y
   détermine une cristallisation en fines
   aiguilles . . . . **Jaune de naphtol acide**.

4. Solution brun jaune à splendide fluorescence verte, s'évanouissant par l'addition
   d'un acide qui · précipite des flocons
   jaunes . . . . **Fluorescéine**.
   (Uranine.)
   Benzylefluorescéine.
   (Chrysoline)

   Pour distinguer ces deux espèces, il faut
   un examen approfondi des acides colorants
   précipités.

5. Solution jaune d'or ne précipitant pas les
   acides. Elle ne se décolore, ni sous l'action de la poudre de zinc et de l'ammoniaque, ni sous celle plus énergique de
   l'étain et de l'acide chlorhydrique.   **Jaune de quinoléine**.
   (Acide quinophtalonesulfonique)

6. Par l'acide chlorhydrique faible, rien,
   par l'acide sulfurique concentré précipité
   brun jaune, peu soluble ; par le chlorure
   de calcium, rien ; par la poudre de zinc,
   décoloration, si on ajoute alors du perchlorure de fer précipité brun, détone
   n'est pas amer. . . . . **Jaune NS**.
   (Binitronapthol sulfoconjugué
   sodique)

b) La soude caustique provoque un précipité.

Matières colorantes basiques.

1. Précipité par les alcalis jaune floconneux,
se dissolvant dans l'éther en jaune pur
avec magnifique dichroïsme vert [1] . .   **Phosphine.**

2. Précipité par les alcalis, blanc de lait ; se
dissout dans l'éther sans lui communi-
quer de coloration, mais avec une fluorescence vert bleu . . . .   **Flavaniline.**

3. Précipité par les alcalis, blanc de lait ; se
dissout dans l'éther sans aucune coloration, ni dichroïsme. La solution aqueuse
jaune de la matière colorante, bouillie avec
de l'acide chlorhydrique, pâlit peu à peu
et finit par se décolorer. . . . . .   **Auramine.**

4. Par l'acide chlorhydrique faible, précipité jaune, par l'acide sulfurique concentré
coloration jaune ; par la poudre de zinc,
décoloration, se recolore à l'air ; par la
potasse précipité jaune ; par l'acide nitrique un précipité cristallin en liqueur
concentrée. . . . .   **Chrysaniline.**

III. — LA MATIÈRE COLORANTE EST SOLUBLE DANS L'EAU.
LA SOLUTION SULFURIQUE EST INTENSIVEMENT COLORÉE.

a) La soude caustique détermine un précipité.

Couleurs azoïques.

1. La matière colorante teint la laine en
jaune ; la solution aqueuse chaude se

---

[1] Réaction extrêmement sensible qui permet de caracté-

prend, par le refroidissement, en une
gelée rouge de sang. Dissolution dans
l'acide sulfurique brun jaunâtre . . . **Chrysoïdine.**

2. La teinture sur laine est brun orangé.
La solution aqueuse ne se prend pas en
gelée par le refroidissement. Solution
sulfurique brune . . . . **Vésuvine**
(Brun Bismark.)
(Brun de phénylène.)

b) La soude caustique ne précipite pas.

1. Solution sulfurique jaune, devenant rouge-
saumon par la dilution. Solution aqueuse
jaune . . . . **Jaune solide.**

2. Solution sulfurique jaune, devenant rouge
carmin par la dilution.
Solution aqueuse jaune, déposant par le
refroidissement des paillettes à éclat doré.
Les acides étendus font naître dans la
solution un précipité rouge violacé mi-
roitant. . . . . **Orangé de méthyle,**
Orangé d'éthyle.
(Orangé III.)

3. Solution sulfurique violette, devenant plus
rouge par la dilution, avec formation
concomitante d'un précipité gris d'acier.
Dissolution dans l'eau jaune, cristallisant
par le refroidissement. Précipité presque
insoluble par le chlorure de calcium ou
le chlorure de baryum. . . . . . **Tropéoline O O**
(Orangé IV.)
(Jaune de diphénylamine.)

riser sûrement la phosphine dans les mélanges, comme la
grenadine, le marron, etc.

4. Solution sulfurique bleu vert, devenant
   violette par la dilution, avec précipité
   bleu à reflets d'acier.
   Solution aqueuse jaune, cristallisant par
   le refroissement. Le chlorure de baryum
   précipite un sel jaune, qui cristallise
   dans beaucoup d'eau en feuillets scintil-
   lants . . . . **Jaune N.**
   (Poirrier.)

5. Solution sulfurique vert jaune. passant
   au violet avec précipité gris par la dilution.
   Solution aqueuse jaune cristallisant à froid.
   Par le chlorure de calcium, précipité
   orangé devenant rouge cristallin à l'ébullition. . . . . **Lutéoline.**

6. Solution sulfurique rouge carmin, virant
   au jaune par la dilution.
   Solution aqueuse jaune, souvent trouble,
   devenant rouge foncé, quelquefois vio-
   lette, par l'addition de soude alcoolique. **Citronine.**
   (Jaune indien, curcumine.)

7. Solution sulfurique orangé foncé, ne se
   modifiant pas par la dilution.
   Solution aqueuse orangée ; par addition de
   chlorure de calcium, magnifique cristallisation du sel de calcium en feuillets. . **Orangé G**
   (Brevet allemand, n° 322J)

8. Solution sulfurique orangé brun, sans
   modification par la dilution.
   Solution aqueuse jaune ; l'addition d'un peu
   d'acide chlorhydrique détermine une
   cristallisat'on en feuillets jaunes ; en for-

çant la dose d'acide chlorhydrique, séparation de l'acide libre en aiguilles grises. **Tropéoline O.**
(Chrysoïne.)

9. Solution sulfurique rouge carmin, devenant orangée par la dilution.
Solution aqueuse rouge orangé ; le chlorure de calcium précipite un beau sel de calcium rouge, qui cristallise dans beaucoup d'eau bouillante en aiguilles . **Orangé II.**
(Orangé de β-naphtol, mandarine.)

10. Solution sulfurique violette devenant orangée par la dilution.
Dissolution dans l'eau rouge orangé, devenant rouge carmin par l'addition de soude caustique. . . . . **Tropéoline O O O**
(Orangé I.)

11. Par l'acide chlorhydrique faible, précipité jaune foncé ; par acide sulfurique cocentré, coloration brun jaune ; par le chlorure de calcium précipité blanc ; par la poudre de zinc, décoloration. . . . **Aurantia.**
(Hexanitrodiphénylamine.)

12. Par l'acide chlorhydrique faible, précipité jaune paille; par l'acide sulfurique concentré, précipité jaune ; par le chlorure de calcium, précipité rouge brun ; par la potasse, coloration rouge cerise ; par la poudre de zinc, rien . . . . **Nitroalizarine.**

C. — MATIÈRES COLORANTES VERTES

1. Peu soluble dans l'eau avec une couleur brun-olive. Une addition d'alcali favorise

beaucoup la dissolution en vert-pré foncé. L'acide sulfurique dissout la matière colorante et engendre une belle liqueur brune. . . . . **Céruléine.**

2. Bien soluble dans l'eau en vert franc. Les alcalis déterminent un précipité rose ou gris. Les acides forts colorent la solution en jaune. . . . . **Vert Victoria,**
Vert Brillant.

Ces deux matières colorantes se distinguent par les nuances qu'elles fournissent à la teinture.

3. Très soluble dans l'eau avec une couleur bleu vert. Les acides colorent la liqueur en jaune ; les alcalis la décolorent sans occasionner le moindre précipité. Un échantillon de laine, teint avec la matière colorante, vire au violet lorsqu'on l'expose à une température supérieure à 100°. . . . . **Vert de méthyle,**
Vert à l'iode.

4. Bien soluble dans l'eau avec une coloration verte relativement faible. L'addition ménagée d'un acide fonce d'abord la liqueur ; une plus grande quantité d'acide la fait virer au jaune. Les alcalis la décolorent totalement. La soie et la laine soufrées ne se teignent que sur bain acide (le vert méthyle se teint sur bain neutre). Les échantillons teints avec cette matière colorante supportent sans altération une

température de 150° maintenue pendant quelques instants. . . . . . **Vert à l'essence d'amandes amères sulfoconjugué.**

(Vert lumière S. Vert Helvetia.)
(Vert acide.)

5. Par l'acide chlorhydrique faible, coloration jaunâtre ; par l'acide sulfurique concentré, coloration brune, devenant verte par addition d'eau ; par le chlorure de calcium, décoloration ; par la poudre de zinc, décoloration ; par la potasse, précipité gris. Corps stable à chaud. **Vert malachite.**

D. — MATIÈRES COLORANTES BLEUES

1. Le produit est tout à fait insoluble dans l'eau ; il se dissout dans l'alcool avec des nuances variant du bleu violet au bleu pur. L'acide chlorhydrique ajouté à la liqueur alcoolique n'en modifie pas la nuance, mais détermine la précipitation de petits cristaux microscopiques verts. Les alcalis font virer la liqueur au rouge brun. L'acide sulfurique concentré dissout la matière colorante en rouge brunâtre clair. . . . . . . **Bleus de rosaniline, Bleus de diphénylamine,**

à distinguer par les nuances qu'ils fournissent en teinture, notamment en examinant les échantillons à la lumière artificielle.

2. La matière colorante est insoluble dans l'eau. La solution alcoolique se colore

en rouge sous l'action de l'acide chrorhy-
drique ; les alcalis n'en modifient pas la
coloration . . . . **Indophénol.**

3. Matière colorante facilement soluble dans
l'eau ; l'acide chlorhydrique la précipite
en vert, les alcalis en violet rouge. La
poudre de zinc décolore la liqueur, qui
reprend sa teinte à l'air. La matière
colorante contient du zinc . . . . **Bleu de méthylène.**

4. Produit moyennement soluble dans l'eau.
Coloration jaune brunâtre par les acides
et précipité rouge brun par les alcalis.   **Bleu Victoria.**

5 Le produit est bien soluble dans l'eau ;
les alcalis décolorent presque entièrement la liqueur. La laine extrait la
matière colorante du bain alcalin et,
lavée à l'eau puis traitée par un bain
acidulé, elle apparaît intensivement colorée en bleu. . . . . . . **Bleus alcalins R à 6 B.**

Les différents degrés de phénylation s'esti-
ment par la nuance obtenue.

6. Le produit est bien soluble dans l'eau ;
la laine ne se teint que sur bain acide.
La solution aqueuse n'est pas précipitée
par les alcalis ; la poudre de zinc la décolore durablement . . . . . **Bleus coton R à 6 B.**

7. Produit bien soluble dans l'eau, ne teignant que sur bain acide. La poudre de
zinc et l'ammoniaque engendrent une
cuve, c'est-à-dire une liqueur incolore
dont la nuance primitive reparaît sous
l'action de l'air. L'acide nitrique dilué

provoque une décoloration définitive à
l'ébullition . . . . **Carmin d'indigo.**

8. Produit insoluble dans l'eau, mais soluble
dans l'alcool. La liqueur alcoolique est
colorée par les alcalis en nuances variant du brun rouge au violet. L'acide
sulfurique concentré dissout le produit
avec une couleur bleue . . . . . **Indulines R à 6 B.**

Les indulines sont d'autant plus solubles
dans les menstrues que leurs nuances
sont plus rougeâtres.

9. Produit soluble dans l'eau ; les acides
précipitent la liqueur aqueuse en bleu ; les
alcalis la colorent en nuances variant du
rouge au violet; la poudre de zinc et
l'ammoniaque forment une cuve. L'acide
nitrique dilué, même à l'ébullition, ne
décolore pas la liqueur . . . . . **Indulines solubles,**
à différencier par leurs nuances.

10. Le produit commercial est en pâte de
nuance grise. La soude caustique, en
présence de l'air, détermine aussitôt la
coloration bleue, augmentant peu à peu
d'intensité. . . . . **Leukindophénol.**

11. Même forme commerciale que le précédent. Le produit dissous dans la soude
caustique ne se colore pas immédiatement ; ce n'est que par addition de sucre
réducteur et chauffage de la liqueur qu'il
se produit un précipité bleu d'indigotine
cristallisée . . . . **Acide orthonitrophényle
propiolique.**

12. Par l'acide chlorhydrique faible, coloration rouge ; par l'acide sulfurique concentré, *idem* ; par le chlorure de calcium,
rien ; par la poudre de zinc se décolore
mais se recolore promptement à l'air ;
par la potasse, bleu persistant. Fond
à 269° . . . . **Bleu d'alizarine.**

E — MATIÈRES COLORANTES VIOLETTES

1. Le produit est difficilement soluble dans
l'eau ; bien soluble dans l'alcool. L'acide
sulfurique le dissout en brun-cannelle. **Regina purple.**
(Violet imperial [1])
(Diphénylerosauiline.)

2. Produit bien soluble dans l'eau ; les acides
colorent la liqueur d'abord en bleu, puis
en vert et en jaune ; les alcalis la précipitent. . . . . **Violet de méthyle R à 6 B,**
Violet Hofmann,
à distinguer par leurs nuances.

3. Produit peu soluble dans l'eau ; les alcalis
provoquent un précipité violet. L'acide
sulfurique dissout la matière colorante
en gris ; en diluant cette liqueur, elle
passe successivemement au gris vert, au
bleu de ciel, bleu violet, puis violet . . **Mauvéine**
(Violet Perkin. Rosolane.)

4. Produit soluble dans l'eau. Les acides
précipitent en bleu pur, les alcalis en
rouge violet. La poudre de zinc réduit
nettement et forme une cuve, aussi bien
en liqueur ammoniacale qu'en liqueur

acide. La dissolution dans l'acide sulfu.
rique concentré est vert-émeraude, pas-
sant au bleu de ciel par la dilution . **Violet de Lauth**
(Thionine.)

5. Le produit ne se dissout que dans l'eau
bouillante. L'acide chlorhydrique colore
la liqueur en rouge carmin pur. L'acide
sulfurique dissout la matière colorante en
bleu virant au rouge par la dilution . **Gallocyanine.**

6. Produit soluble dans l'eau en rouge violacé. L'addition d'alcool détermine une
fluorescence rouge carminé. L'acide sulfurique concentré dissout la matière colorante en vert-émeraude, passant du bleu
au violet par la dilution. **Améthyste, fuchsia, girofle**
(Matières colorantes de la classe
des safranines. Homologues
méthylés ou éthylés de la phé-
nosafranine.)

TROISIÈME PARTIE

MARCHE SYSTÉMATIQUE
POUR RECONNAITRE DANS UN VIN LES COULEURS
DE LA HOUILLE

CHAPITRE UNIQUE

MARCHE SYSTÉMAT'QUE
POUR RECONNAITRE DANS UN VIN LES COULÉURS
DE LA HOUILLE

Nous instituons une marche systématique
basée sur l'emploi des oxydes métalliques, tirant profit de tous les faits signalés précédemment.

Réactifs. — Nous rappelons les réactifs
utilisés :

1° Oxyde jaune de mercure (des pharmacies)
finement pulvérisé.

2° Hydrate d'oxyde de plomb, bien lavé,
récemment précipité, simplement égoutté, ren-

fermant encore 50 pour 100 d'eau. On l'enferme dans un flacon bouché à l'émeri. Il peut servir quelques jours.

3° Hydrate de peroxyde de fer gélatineux bien lavé d'ammoniaque, égoutté jusqu'à ce qu'il ne renferme plus que 90 pour 100 d'eau. On le conserve au froid dans un flacon bouché à l'émeri.

4° Bioxyde de manganèse pulvérisé des drogueries.

5° Acide sulfurique concentré, pur et incolore.

6° Échantillons de laine blanche.

7° Hydrate stanneux, bien lavé, récemment précipité, renfermant encore 70 pour 100 d'eau. On l'enferme dans des petits flacons bouchés à l'émeri, et on met à l'abri de la lumière et de l'air.

Essai A. — 10 centimètres cubes de vin sont additionnés de 20 centigrammes d'oxyde jaune de mercure, finement pulvérisé. On amène à l'ébullition, on filtre sur un double papier.

Le liquide passe
incolore
après acidification.

> 1° Vin pur.
> 2° Vin coloré par les colorants végétaux ou cochenille.
> 3° Vin coloré par l'éosine ou l'érythrosine (rare).

On passe à l'essai A'.

Le liquide passe
coloré
après acidification
ou non.

En rouge.

> 1° Fuchsines, safranines.
> 2° Azoïques rouges.

En jaune.

> 1° Tropéolines.
> 2° Azoïques jaunes.
> 3° Dérivés nitrés.

On passe à l'essai B.

Essai A'. — 10 centimètres cubes de vin sont additionnés de 10 grammes de peroxyde de fer gélatineux et portés à l'ébullition.

Le liquide filtre
incolore.

> 1° Vin pur.
> 2° Vin coloré par les colorants végétaux ou la cochenille.

On passe à l'essai A″.

Le liquide filtré coloré.
- 1° Éosine (liquide rose fluorescent).
- 2° Érythrosine (liquide rose non fluorescent).

Essai A″. — 10 centimètres cubes de vin sont additionnés de 2 grammes hydrate stanneux et portés à l'ébullition.

Le liquide filtre incolore.
- 1° Vin pur.
- 2° Vin coloré par colorants végétaux.

Le liquide filtré coloré.
- Cochenille.

Essai B. — 10 centimètres cubes de vin sont traités à l'ébullition par 2 grammes hydrate de peroxyde de plomb.

Le liquide filtre incolore.
- 1° Vin pur. — Ou colorés par colorants végétaux.
- 2° Fuchsines.
- 3° Azoïques rouges. — Passaient rouges avec oxyde mercurique.

On passe à l'essai B'.

Le liquide filtré coloré.	Rouge.	1° Safranine.	
		2° Tropéolines.	Avec oxyde mercurique passaient jaune.
	Jaune.	1₀ Azoïques jaunes. 2' Dérivés nitrés.	

On passe à l'essai C.

Essai B'. — Le liquide filtré incolore est traité par l'acide acétique.

Le liquide reste incolore	Vin pur.	
Le liquide vire au rose ou au rouge, on agite avec alcool amylique.	Passe dans l'alcool.	Fuchsine ordinaire.
	Ne passe pas.	Sulfo de fuchsine.

On passe à l'essai B″.

Essai B″. — 50 centimètres cubes de vin sont agités à froid avec 50 grammes bioxyde de manganèse.

| Le liquide filtre incolore ou jaunâtre. | Fuchsine. |

Le liquide filtre jaune rosé ou rouge ; on a eu soin d'acidifier le liquide filtré. } **Sulfo de fuchisne.**

(On teint la laine à l'ébullition.)

On passe à l'essai B‴.

Essai B‴. — Les azoïques rouges ont été caractérisés par l'absorption avec l'hydrate d'oxyde de plomb (voir essai B), qui forme avec eux des laques insolubles en faisant bouillir convenablement, — tandis qu'ils passent à la filtration, après traitement par l'oxyde de mercure à chaud (voir essai A). Dans le liquide acidifié, on teindra la laine à l'ébullition. La laine lavée, exprimée et encore humide, sera teintée par l'acide sulfurique concentré et pur. On aura les colorations suivantes :

Violet rouge. — Roccelline (rouge soluble).
Violet bleu. — Rouge pourpre.
Bleu. — Les rouges Bordeaux.
Cramoisi. — Les rouges ponceau.
Vert pré. — Écarlate de Biebrich.
Bleu indigo. — Crocéine 3 B.
Violet. — Crocéine 7 B.

On passe à l'essai C.

Essai C. — La safranine est nettement distinguée des autres couleurs par son passage après traitement par l'hydrate d'oxyde de plomb (voir essai B). Les tropéolines passent jaune avec l'oxyde de mercure et rouge avec l'hydrate d'oxyde de plomb. On distingue les tropéolines les unes des autres, en teignant la laine, l'exprimant, et faisant agir l'acide sulfurique concentré. On aura les colorations suivantes :

Rouge-fuchsine. — Tropéoline OOO 1 et 2 (orange 1 et 2 Poirier).

Orange brun. — Tropéoline O (Chrysoïne).

Jaune orangé. — Tropéoline Y.

Violet rouge. -- Tropéoline OO (orangé 4 de Poirier).

Brun jaune. — Hélianthine (orangé 3 de Poirier).

On passe à l'essai D.

Essai D. — Les azoïques jaunes seront distingués des dérivés nitrés en ce qu'un grand excès d'hydrate d'oxyde de plomb retient à l'ébullition les azoïques jaunes. Les dérivés nitrés généralement en combinaison sodique résistent davantage. Ils teignent la laine. On pourra comparer les solutions avec des solutions types. La laine teinte encore humide traitée par l'acide sulfurique donnera :

Brun jaunâtre, — Chrysoïdine, Brun. — Vésuvine (brun Bismarck ou de phénylène). Jaune devenant rouge saumon par la dilution. — Jaune solide. Bleu vert. — Jaune N.	Azoïques.
Brun jaune. — Jaune NS (bini-tronaphtol sulfoconjugué). Jaune. — Jaune d'or (jaune de Martius ou binitronaphtol).	Dérivés nitrés.

On passe à l'essai E.

Essai E. — Dans cet essai on recherchera spécialement le bleu de méthylène, qui est le le bleu le plus répandu dans les colorants commerciaux et dans les vins.

On renouvellera l'essai B soit à froid, en agitant avec l'hydrate de plomb quelques minutes, soit à chaud. La laque plombique reçue sur un petit filtre et égouttée, est traitée sur le filtre par quelques centimètres cubes d'alcool bouillant.

L'alcool passe incolore.	} Vin sans bleu de méthylène
L'alcool passe coloré en bleu.	} Vin avec bleu de méthylène

1° On peut confirmer les résultats de cet essai, en teignant la laine dans le liquide filtré. Cette laine séchée virera au vert par l'acide sulfurique concentré.

2° On peut faire bouillir le vin primitif, avec un peu de fulmicoton, qui se teindra en bleu par le bleu de méthylène.

OBSERVATIONS

Les réactions, sur lesquelles nous avons établi notre marche systématique, sont d'une grande précision et d'une grande sensibilité. On pourra reconnaître quelques dixièmes de milligrammes des diverses fuchsines dans un litre de vin, et bien moins de 1 centigramme par litre des autres colorants.

Il faut avoir une certaine habitude des manipulations pour tirer tous les avantages de la méthode. Comme nous l'avons déjà dit, les quantités d'oxydes que nous avons prescrites sont des quantités relatives, qui donnent des résultats satisfaisants pour un vin d'une richesse courante ; mais en faisant plusieurs essais avec des quantités variables d'oxydes oscillant autour des quantités prescrites, on peut augmenter la sensibilité des résultats. Des traces de colorants peuvent être ainsi révélées dans une manipulation conduite avec méthode et prudence.

Le premier accident à éviter, celui sur lequel nous insistons, est le passage à la filtration d'une certaine quantité de matière colorante du vin échappée à l'action de l'oxyde. On s'apercevra immédiatement des conditions vicieuses de l'opération, en se basant sur le caractère suivant :

Après traitement par les oxydes, un vin filtré ne doit jamais virer au vert par l'ammoniaque.

On recommencerait alors l'opération soit en prolongeant un peu l'ébullition, s'il s'agit de l'hydrate d'oxyde de plomb, soit en ajoutant une plus forte quantité d'oxyde.

Certains vins, et c'est le cas de beaucoup de vins falsifiés, sont très pauvres. La coloration artificielle a eu pour but précisément de dissimuler le mouillage. Souvent 10 centigrammes d'oxyde jaune de mercure, 1 gramme d'hydrate d'oxyde de plomb seront suffisants.

On a dû remarquer que dans cette marche systématique nous désignons, après intervention d'un oxyde, le colorant révélé. Bien entendu il faudra contrôler cette indication par toutes les réactions du colorant soupçonné.

En résumé, il est donc de bonne règle :

1° De faire plusieurs essais avec des quantités variables d'oxyde oscillant autour des quantités prescrites ;

2° De toujours s'assurer que le liquide rouge passé à la filtration ne vire pas au vert par l'ammoniaque ;

3° De contrôler la nature du colorant par toutes les réactions connues.

APPENDICE

DOCUMENTS A CONSULTER

DOCUMENTS A CONSULTER

I

CIRCULAIRE

DE M. LE GARDE DES SCEAUX DUFAURE,

Relative à la répression de la fraude des vins par les matières colorantes.

(Journal officiel du 18 octobre 1876.)

Monsieur le Procureur général,

L'emploi frauduleux de divers procédés, en vue de modifier la nuance des vins, donne lieu, depuis quelque temps déjà, à des réclamations très vives.

La coloration des vins s'opère de deux manières, soit au moyen du coupage, soit par l'emploi de diverses substances tinctoriales qui ne possèdent aucune des propriétés du principe colorant fourni par la grappe.

La pratique des coupages ne doit pas être considérée comme constituant, par elle-même, une *falsification*, dans le sens de la loi du 27 mars 1851, rendue applicable aux boissons par la loi du 5 mai 1855. Il est dit, en effet, dans l'exposé des motifs, qu'il n'est point entré dans la pensée du gouvernement de réprimer les opérations qui consistent, « soit à couper les vins de diverses provenances et de diverses qualités, pour donner satisfaction au goût public et au besoin du bon marché... soit à imiter, par diverses combinaisons, les vins étrangers. » Aucune poursuite ne doit donc être intentée, en vertu des articles 1er et 3 de la loi de 1851, contre ceux qui détiennent et mettent en vente des vins ainsi travaillés. C'est dans le cas seulement où il serait prouvé que l'acheteur a complètement ignoré la manipulation subie par ces vins que l'action publique pourrait être mise en mouvement contre le vendeur coupable de tromperie. En un mot, dans cette hypothèse, il convient de ne point exercer de poursuites pour fait de falsification, mais seulement, selon les circonstances, pour tromperie sur la qualité ou la quantité de la chose vendue.

Au contraire, le procédé qui consiste à relever la couleur des vins ou à la modifier au moyen de substances colorantes autres que celles fournies par la grappe, constitue, par lui-même, une falsification qui doit être réprimée, indépendamment de toute tromperie de la part du vendeur. Parmi ces substances, les unes peuvent être inoffensives, tandis que d'autres présentent un véritable danger.

La question de savoir si la coloration artificielle des vins « par des matières tinctoriales inoffensives » constitue le délit de falsification dans le sens légal de ce mot, ne peut soulever aucun doute. L'article 475, n° 6, du Code pénal, punissait d'une peine de simple police la vente ou le débit de boissons falsifiées, même par des procédés inoffensifs, et un arrêt de la Cour de cassation du 25 février 1854 avait reconnu que cet article était applicable à la coloration par des matières tinctoriales étrangères à la couleur propre des vins, lorsque la loi du 5 mai 1855, abrogeant l'article dont il s'agit, a rendu applicable aux boissons la loi du 27 mars 1851. Il résulte de l'exposé des motifs que le législateur « n'a pas entendu restreindre ou changer le sens que la jurisprudence avait déjà donné au mot *falsification* »; mais il a eu uniquement pour but d'élever la pénalité et d'atteindre, en même temps que le vendeur, le falsificateur et le détenteur jusqu'alors impunis. « Ce n'est pas, y est-il dit, un nouveau délit qu'on veut créer, ce n'est pas un nouveau mot qu'on introduit dans la législation pénale... Si les tribunaux ne se sont pas trompés jusqu'ici sur l'interprétation du mot *falsification*, pourquoi s'y tromperaient-ils aujourd'hui ?

Vous devez donc poursuivre les commerçants qui opèrent des manipulations de cette nature (article 1er, § 1, loi de 1851), qui détiennent dans leurs magasins des vins ainsi manipulés (art. 3), et qui les vendent ou mettent en vente (art. 1er, n° 2). Le fait de falsification est réprimé par la loi, alors même qu'il n'est pas suivi de vente, et par suite, indépendamment de toute tromperie de la part du vendeur; la Cour de cassation a décidé formellement, par un arrêt du 22 juillet 1869, dans une espèce où il s'agissait du mélange inoffensif de trois-six avec des eaux-de-vie, « que le fait de vendre à un commerçant qui doit les revendre lui-même, et de livrer ainsi frauduleusement au commerce et à la circulation des boissons falsifiées, constitue le délit, encore bien que l'acheteur ait connu la falsification ».

Cette solution ne rencontre aucun obstacle dans le paragraphe 2 de la loi de 1851.

Toutefois, Monsieur le Procureur général, si le droit de mettre, en pareil cas, l'action publique en mouvement ne peut être douteux, il convient d'en user avec prudence. Vous remarquerez que, quoiqu'elle punisse la falsification et la détention des vins falsifiés, indépendamment même de tout fait de vente, la loi ne s'applique cependant, d'après ces termes mêmes, qu'aux boissons destinées à être vendues. Il est évident d'ailleurs que, si la manipulation subie par le vin a pu avoir pour effet non seulement d'en relever la couleur, mais de l'améliorer, de le conserver, de lui faire subir une transformation utile, aucune poursuite ne doit être exercée Il résulte de l'exposé des motifs qu'on n'a pas voulu entraver l'opération qui « consiste, suivant l'expression usitée en ce genre de commerce. à travailler les vins d'après des procédés fort divers, les uns très anciens, les autres indiqués par la science moderne ».

D'un autre côté, par cela même qu'à la différence de la législation antérieure, la loi de 1851, punit, non plus une contravention de simple po-

lice, mais un délit, la question d'intention fraudu-
leuse se pose nécessairement tout d'abord, et là où
cette intention n'existe pas, le délit disparaît.
L'exposé des motifs de la loi de 1855 contient, à
cet égard, des déclarations très nettes. « On pourrait craindre que, sous prétexte de falsification et
à défaut d'une définition précise donnée à ce mot,
la loi vînt entraver certaines opérations licites de
mélanges, qui sont usitées dans le commerce des
vins. Il est bon, par conséquent, de déclarer qu'il
n'est point entré dans la pensée du gouvernement
d'entraver en rien et de réprimer les diverses opérations loyalement faites et usitées dans le commerce. » Les mélanges auxquels les boissons sont
soumises sont donc à l'abri de toute incrimination
lorsqu'ils sont conformes à des usages ou à des
habitudes de consommation loyalement et très
notoirement pratiqués; mais ils prennent, au contraire, le caractère d'une falsification, lorsque,
même inoffensifs, ils sont pratiqués frauduleusement et en vue de donner mensongèrement au vin
l'apparence de qualités qu'il n'a point. (Cassation,
arrêt du 22 novembre 1860, bulletin n° 246.)

C'est d'après ces indications que vous devrez,
Monsieur le Procureur général, d'une manière
ferme et uniforme, prescrire les poursuites.

Dans de nombreux journaux, articles ou brochures, la coloration artificielle des vins est préconisée comme un procédé parfaitement licite. Elle fait l'objet de prospectus et d'annonces très répandus. Ceux qui auront, dans un cas déterminé, provoqué à une falsification de ce genre, ou fourni les instructions d'après lesquelles elle aura été opérée, devront être poursuivis comme complices, par application des articles 59, 60 du Code pénal et 1er de la loi du 17 mai 1819; l'article 3 de cette loi permet d'atteindre aussi les provocations non suivies d'effet.

Lorsque la coloration artificielle a eu lieu au moyen des substances pouvant présenter, à un degré quelconque, un caractère nuisible, les magistrats du parquet ne doivent pas manquer, conformément aux articles 2 et 3, paragraphe 2, de la loi de 1851, de requérir une répression énergique.

Mon attention est depuis longtemps appelée sur ces importantes questions, au sujet desquelles j'ai reçu, notamment de M. le Ministre de l'agriculture et du commerce, des communications nombreuses et du plus haut intérêt.

Les chambres de commerce, les comices agricoles, les associations syndicales, les organes les plus accrédités de l'opinion, se sont émus, à juste titre, de pratiques coupables qui compromettaient, à la fois, la santé publique et la sécurité des transactions.

J'ai, dès le mois de juin, prescrit des poursuites dans plusieurs arrondissements; je compte sur votre vigilance pour que vous mettiez l'action du parquet en mouvement partout où des délits vous seront signalés.

La fraude fait subir, non seulement au vin, mais à bien d'autres éléments de l'alimentation publique, les altérations les plus variées. Je fais appel à votre concours pour l'atteindre sous toutes ses formes et quel qu'en soit l'objet.

Je vous prie de m'accuser réception de cette circulaire, dont je vous adresse des exemplaires en nombre suffisant pour tous vos substituts. Je désire que vous me rendiez compte, en temps utile, de la suite qui aura été donnée aux instructions contenues dans cette circulaire.

Recevez, Monsieur le Procureur général, l'assurance de ma considération très distinguée.

Le Garde des sceaux,
Ministre de la Justice et des Cultes,
Président du Conseil,

J. DUFAURE.

II

LISTE

DES COLORANTS NUISIBLES ET DES COLORANTS NON NUISIBLES

(D'après la législation française[1]).

I

Substances dont l'emploi peut être toléré

COULEURS MINÉRALES.

Blanc. — Craie, sulfate de baryte précipité (doivent être appliqués en petite proportion).

Bleu. — Bleu de Prusse ou de Berlin. Outre-mer.

[1] La loi s'est absolument inspirée du rapport de Wurtz au Comité consultatif d'hygiène, année 1881.

Violet. — Outremer violet.

Brun. — Ocre, brun de manganèse.

Vert. — Outremer vert.

Jaune. — Ocres jaunes.

COULEURS ORGANIQUES

Blanc. — Fleur de farine, amidon.

Rouge. — Cochenille et carmin de cochenille;

Carmin de Carthame. — Bois rouge, alizarine et purpurine artificielles, sucs de betteraves rouges et de cerises, laques préparées avec ces substances.

Orangé. Rocou. — Mélanges de couleurs rouges et de couleurs jaunes inoffensives.

Jaune. — Safran, faux safran, curcuma, pastel, graine de Perse, graine d'Avignon, quercitron, extrait de bois jaune. Laques alumineuses préparées avec ces substances.

Vert. — Suc d'épinards, vert de Chine (lokao), mélanges de couleurs jaunes et de couleurs bleues inoffensives.

Violet. — Extrait d'orseille, bois d'Inde; mélanges de couleurs bleues et de couleurs rouges inoffensives.

Bleu. — Carmin d'indigo, tournesol, bleu d'orseille (bleu violet).

Brun. — Caramel, suc de réglisse, extrait de châtaignier, extrait de cachou.

II

Substances dont l'emploi doit être interdit pour la coloration des matières alimentaires.

COULEURS MINÉRALES

Composés du cuivre. — Cendres bleues ; bleu de montagne.

Composés du plomb. — Massicot, minium, mine orange.

Oxychlorures de plomb. — Jaune de Cassel, jaune de Turner, jaune de Paris.

Carbonate de plomb — Blanc de plomb, céruse, blanc d'argent.

Antimoniate de plomb. — Jaune de Naples.

Chromates de plomb. — Jaune de chrome, orange de chrome.

Chromate de baryte. — Outremer jaune.

Composés de l'arsenic. — Arsénite de cuivre, Vert de Scheele, vert de Schweinfurt, vert métis. Sulfure de mercure. Vermillon.

COULEURS ORGANIQUES

Gomme-gutte.

Aconit napel.

Fuchsine et dérivés immédiats tels que bleu de Lyon.

Éosine.

Matières colorantes renfermant au nombre de leurs éléments la vapeur nitreuse, telles que jaune de naphtol, jaune Victoria. Matières colorantes préparées à l'aide des composés diazoïques telles que tropéolines, rouge de xylidine[1].

---

[1] « Un certain nombre de matières colorantes dérivées des principes retirés du goudron de houille ne rentrent pas dans les catégories précédentes qu'on a cru devoir proscrire. Telles sont, par exemple, le violet de Paris, le vert-lumière, le bleu de diphénylamine, la coralline pure (aurine, acide rosolique).

Ces matières ne sont pas des dérivés de la fuchsine et ne renferment jamais d'arsenic. Néanmoins on n'a pas cru devoir les ranger définitivement au nombre des substances inoffensives, leur mode d'action sur l'économie étant encore inconnu. » — Cette note a été écrite par Wurtz à la fin de son rapport, 1881.

III

CLASSIFICATION DES COLORANTS

AU POINT DE VUE DE L'HYGIÈNE

(D'après la législation allemande)

AVIS

(Tiré de la *Berliner klin. Wochenschr.*, 12 avril 1886.)

L'ordonnance impériale du 1er mai 1882 concernant l'emploi des couleurs vénéneuses est à nouveau portée à la connaissance du public, à l'exclusion de celle du 5 mars 1883.....

Nous, Guillaume, par la grâce de Dieu, empereur allemand, roi de Prusse, etc., etc., ordonnons au nom de l'Empire, comme base du paragraphe 5 de la loi du 14 mai 1879, concernant la

vente des substances alimentaires, médicamenteuses, et de celles qu'on emploie à tout autre
usage, selon les décisions de l'Assemblée allemande, ce qui suit :

§ 1. — Les couleurs vénéneuses ne peuvent
être employées pour colorer les substances alimentaires ou médicamenteuses qui sont destinées
à être vendues. Comme couleurs vénéneuses, on
entend ; au sens de cette contenance, toutes les
couleurs, tous les apprêts qui contiennent de
l'antimoine (antimoine cru [sulfure]), de l'arsenic,
du baryum, excepté le spath pesant (sulfate de
baryum), du plomb, du chrome, excepté l'oxyde
de chrome pur, du cadmium, du cuivre, du
mercure, excepté le cinabre, du zinc, de l'étain,
de la gomme-gutte, de l'acide picrique.

§ 4. — Est défendu l'emploi des couleurs à
base d'arsenic pour la fabrication des papiers
peints, et de même l'emploi des couleurs de cuivre
à base d'arsenic, et de couleurs contenant ces
substances pour la préparation des vêtements.

§ 5. — La vente au détail, et la mise en vente
(en montre) des substances nutritives ou médicamenteuses dont il est question dans les paragra-
phes 1-2, qu'ils soient conservés et empaquetés,

et des joujoux, des papiers peints, des vêtements (§ 3-4) est interdite.

§ 6. — Cette ordonnance sera mise en vigueur à partir du 1ᵉʳ mai 1883.

Signatures, etc.

À côté de cette ordonnance impériale subsistent encore jusqu'à nouvel ordre les arrêtés, imprimés de la police du 25 novembre 1885.

ORDONNANCE DE POLICE

Concernant l'emploi des couleurs nuisibles pour colorer les jouets.

Comme base du paragraphe 11 de la loi du 11 mars 1860, le Préfet de police pour les cercles de police de Berlin et de Charlottenbourg ordonne ce qui suit :

§ 1. — Pour colorer les jouets et les médicaments, il est interdit d'employer les préparations et les couleurs qui contiennent de l'antimoine (sulfure), de l'arsenic, du baryum (excepté le sulfate de baryte) du plomb, du chrome (excepté l'oxyde de chrome pur), du cadmium, du cobalt, du cuivre, du molybdène, du nickel, du mercure (hors le cinabre pur), de l'urane, du bismuth, du tungstène, du zinc (excepté l'oxyde préparé à l'huile ou en laque) de l'étain, de la gomme-gutte de l'acide picrique, et les couleurs d'aniline ou de naphtaline contenant de l'arsenic.

§ 2. — De même les papiers ou tissus colorés avec les substances énoncées au paragraphe 1 ne doivent être employées à envelopper les substances alimentaires.

§ 3. — (Concerne la pénalité, 30 marks, et la prison.)

Il y a été ajouté une liste des couleurs nuisibles les plus employées et une des couleurs qui doivent être usitées en place des couleurs nuisibles.

A. — Couleurs nuisibles

1. *Bleu.* — Bleu de montagne, azur à quatre feux, bleu de Bremer, bleu de Safre (smalt), bleu de cobalt, outremer, smalt impur, bleu de roi, bleu de Ceithner, bleu minéral, bleu nouveau, bleu de chaux), bleu de Saxe, bleu Thénar impur.

2. *Jaune.* — Jaune d'antimoine, jaune de plomb, jaune de chrome (chromate de plomb), jaune anglais, gomme-gutte, jaune brillant, jaune de Kasseler, jaune de Cologne, massicot, jaune minéral, jaune citron, jaune de Nayle, jaune nou-

veau, opermeut (*pimentum auri*), orpiment,
jaune de Perse, jaune patenté, jaune de Paris.
acide picrique, sulfure de cadmium, jaune outremer, jaune de zinc.

3. *Verte* — Vert de montagne, vert de Brun-
shweig, vert de Bremer, vert de Casselmann, vert
de chrome (excepté l'oxyde), vert anglais, vert
de feuille, vert minéral, vert de Mitis, vert de
mousse, vert de Kayle, vert nouveau, vert per-
roquet, vert de Paris, vert patenté, vert d'huile
vert de quercitron, vert de Leïde, vert de
Schweinfurth, vert de soie, vert de Vienne, vert
de zinc, vert de cinabre (bleu de Berlin et chromate de plomb).

4. *Rouge.* — Cinabre d'antimoine, fuchsine
arsenicale, rouge amaranthe, rouge de Berlin,
rouge de cochenille, rouge de chrome, rouge de
cuivre, minium, rouge de Paris, réalgar, orangé
de chrome, rouge de Vienne, laque rouge à base
de plomb (laque de géranium), laque d'éosine.

5. *Blanche.* — Blanc de plomb, blanc de Krem-
ser, blanc d'alumine (de schiste?), blanc de neige,
blanc d'argent, blanc de zinc (oxyde de zinc).

6. *Couleurs métalliques.* — Bronze d'or,
papier d'or et d'argent impur, papier d'étain à
base de plomb.

17.

B. — Couleurs non nuisibles

1. *Bleue*. — Bleu d'alcali, bleu d'aniline, bleu de Berlin, bleu de Dusbach, indigo, carmin indigo, solution d'indigo (teinture bleue), tournesol, bleu nouveau, bleu de Paris, bleu de Sève, smalt pur, bleu d'acier, outremer, laque bleue.

2. *Brune*. — Bistre, terre de Cologne, brun de Mahayoni (acajou), brun de chevreuil, ombre.

3. *Jaune*. — Ambre, terre jaune, ocre d'or, ocre jaune, still de grain, safran succédané, laque et suc provenant de la décoction des racines de berbéris, curcuma, bois de fustet graines jaunes, genêt, jaune de lotus, jaune de Martius sulfoné, quercitron, souci (calendule offic.), safran, gaude.

4. *Verte*. — Vert de Berlin, terre verte, vert de sève, oxyde de chrome pur, vert d'outremer, carmin vert, vert d'aniline, vert malachite, vert de chicorée, et mélange de jaune et de bleu inoffensifs.

5. *Rouge*. — Bol d'Arménie, rouge de Berlin, brun rouge, sanguine (*caput mortuum*), minium d'acier, carmin, colcothar, sangdragon, rouge anglais, rouge de maison, rouge de Prusse, rouge à polir, laques et sucs non arsenicaux, rouge d'alkormès, cochenille, fernambouc, garance, santal, rubis, cinabre.

6. *Blanche.* — Plâtre, craie, craie précipitée, stéatite et talc préparé, spath pesant, blanc fixe, alumine blanche, blanc de zinc à l'huile ou en laque.

7. *Couleurs métalliques.* — Or et argent battus fins, graphite.

Berlin, le 2 avril 1886.

LABORATOIRE MUNICIPAL

DE LYON

Documents statistiques des vins colorés par les dérivés de la houille analysés en 1884, 1885 et en 1886.

Je dois à l'obligeance de M. Bellier, directeur du laboratoire municipal de Lyon, les documents statistiques suivants, qui donnent une idée de la nature et surtout de la coloration artificielle des vins analysés par le laboratoire, à la fin de l'année 1884, pendant l'année 1885 et le commencement de l'année 1886.

Il est fort possible que la coloration artificielle par les colorants végétaux ait été pratiquée aussi réquemment que la coloration par les dérivés de la houille, à l'époque précitée. Mais l'attention du laboratoire, ce qui s'explique parfaitement, a été spécialement attirée sur les vins colorés avec les couleurs de la houille. L'opinion publique était émue de ces colorations qui se multipliaient Elle appréhendait de voir entrer dans la consommation successivement tous les produits des fabriques de matières colorantes. Il fallait lui donner satisfaction, et veiller sur ce débordement de falsifications suspectes.

D'autre part, il faut en convenir, la reconnaissance des colorants végétaux demande une étude plus minutieuse. Il est difficile d'être fixé par un simple essai sur la coloration d'un vin par les colorants végétaux. Même un chimiste sérieux a besoin d'une grande attention et doit recourir à une série de réactions successives pour reconnaître la mauve, le sureau, la cochenille dans un vin.

Or voici dans quelles conditions la plupart de ces vins colorés ont été saisis.

Quelques-uns sont des vins apportés par le public, comme en fait mention d'ailleurs l'un des tableaux. La recherche a été effectuée pour les colorants naturels comme pour les colorants artificiels. Mais beaucoup de vins ont été saisis dans les conditions suivantes : Deux inspecteurs, munis de quelques réactifs, exerçaient quotidiennement un contrôle assidu dans les gares à l'arrivée des vins. Certains réactifs s'appliquaient à la cochenille, à l'orseille, mais surtout aux colorants dérivés de la houille. Ce sont donc ces vins frelatés par ces colorants qui devaient particulièrement être reconnus et saisis.

Il est d'ailleurs impossible dans la pratique d'exercer un contrôle plus actif et plus intelligent qu'il ne l'est par notre laboratoire municipal. On ne peut faire mieux. Il est difficile dans une simple inspection de tout voir, de tout essayer; il faudrait porter avec soi un vrai laboratoire. On est allé au plus pressé : arrêter au passage tous les vins colorés par les fuchsines et les azoïques.

On comprendra mieux, après ces renseignements, le caractère relatif des statistiques que nous publions, puisque le contrôle s'est plus particulièrement exercé sur tel ou tel groupe de substances.

D'autre part, ces tableaux ne donnent qu'une idée insuffisante de tous les vins colorés par les dérivés de la houille qui ont pu entrer dans notre ville. On a essayé les vins arrivés en gare à Lyon; mais on n'a pas essayé les vins débarqués dans les gares voisines et entrés dans la ville sur charrette. Il aurait fallu à chaque octroi un inspecteur pour exercer une surveillance aussi étendue. Notre laboratoire municipal n'est pas organisé pour un pareil travail. Un tel service exigerait un personnel d'inspecteurs plus nombreux, une augmentation du nombre de ses chimistes, et la disposition de ressources de laboratoire plus importantes :

En résumé, le laboratoire municipal de Lyon a fait de son mieux dans la limite du possible, et voici les résultats de ses opérations qui prouvent déjà tous les services rendus.

En 1884, nous sommes à la période d'organisation du laboratoire. Nous ne pouvons trouver encore les tableaux intéressants dressés en 1885 qui présentent les résultats des travaux du laboratoire sous divers aspects.

Travaux de 1884.

DATES DES SAISIES	QUANTITÉ SAISIE	NATURE DU COLORANT
1er avril	8 hectolitres	B. Bordeaux.
4 —	55 —	—
22 —	22 —	fuchsine ordinaire
4 juin	27 —	rouge Bordeaux.
7 —	55 —	—
23 juillet	2 —	Sulfo fuchsine.
27 août	3 —	B. Bordeaux.
—	9 —	—
29 —	5 —	—

Échantillons déposés par le public.

MOIS	VINS								TOTAUX DES VINS PAR MOIS
	NATURELS			FALSIFIÉS					
						COLORÉS ARTIFICIELLEM.			
	BONS OU PASSABLES	PLATRÉS + 2 QUARTS	ALTÉRÉS PAR CAUSE NATUR.	ADDITIONNÉS DE RAISINS SECS	MOUILLÉS	VÉGÉTALES	SULFO DE FUCHSINE	ROUGE DE BORDEAUX	
Janvier. . . .	91	38	6	»	»	1	»	1	110
Février. . . .	90	27	7	10	»	»	»	1	193
Mars.	108	3	4	4	7	»	'	2	126
Av.il.	99	6	5	»	5	1	1	4	121
Mai.	98	23	11	»	7	1	»	1	130
Juin.	82	27	3	»	0	»	7	1	129
Juillet.	114	57	»	»	18	1	18	7	215
Août.	126	62	3	»	»	1	20	01	230
Septembre. . .	151	40	5	15	»	3	43	44	231
Octobre. . . .	220	59	11	»	30	5	26	6	357
Novembre. . .	186	64	4	»	42	»	19	10	325
Décembre. . .	209	52	»	»	10	1	8	8	288
TOTAUX.	1573	450	59	29	128	14	151	84	2464

Vins prélevés. — Classement après analyse. — Saisies.

MOIS	NOMBRES PRÉLEVÉS	NATURELS	FALSIFIÉS PAR ADDITION D'EAU	FALSIFIÉS PAR COLORATION ARTIFICIELLE AVEC BLEU DE PRUSSE	ROUGE DE BORDEAUX	ORSEILLE	NOMBRE DES VINS FALSIFIÉS PAR COLORATION ARTIFICIELLE	CONTENANT À PEU PRÈS NORMALE — NON PLÂTRÉS	PLÂTRÉS + SEL & CHAUX	MOUILLÉS	ADDITIONNÉS DE VINS DE RAISINS SECS	ADDITIONNÉS DE VINS DE 2e CUVÉE	VINÉS	HECTOLITRES SAISIS PAR MOIS	NOMBRE DES PROCÈS-VERBAUX
Janvier.	4	3	1	»	»	»	»	»	»	»	»	»	»	»	1
Février.	8	5	2	»	1	»	1	»	»	»	»	1	»	4	3
Mars.	5	2	2	»	1	»	1	»	»	»	1	»	»	25	3
Avril.	4	3	1	»	»	»	»	»	»	»	»	»	»	»	1
Mai.	9	»	3	5	1	»	6	2	»	»	1	1	3	35	5
Juin.	10	»	»	14	3	»	19	»	2	1	1	9	6	125	15
Juillet.	39	1	»	29	9	»	37	5	6	3	2	9	12	1020	30
Août.	46	»	»	33	7	1	46	15	7	1	6	1	10	335	42
Septembre.	44	»	»	31	13	»	44	17	3	4	3	9	8	221	38
Octobre.	21	»	»	17	4	»	21	7	2	2	1	»	8	55	18
Novembre.	14	»	»	8	6	»	16	7	2	1	»	»	4	31	11
Décembre.	6	»	»	5	1	»	7	3	»	1	»	1	3	80	6
TOTAUX	219	11	9	147	48	1	195	56	22	13	11	31	61	2411	173

Les colonnes 8 à 14 relèvent du *Classement des vins colorés artificiellement d'après les résultats fournis par l'analyse.*

Vins falsifiés. — Proportion de colorant étranger rapporté à la coloration totale du vin.

MOIS	FUCHSINE SULFO-CONJUGUÉE										ROUGE DE BORDEAUX									COCHENILLE	
	NOMBRE DES VINS	AU-DESSUS DE 100,0 SANS PROCÉDÉS VENDAIS	DE 10 A 20 0,0	DE 20 A 30 0,0	DE 30 A 40 0,0	DE 40 A 50 0,0	DE 50 A 60 0,0	DE 60 A 70 0,0	DE 70 A 80 0,0	DE 80 A 100 0,0	NOMBRE DES VINS	DE 10 A 20 0,0	DE 20 A 30 0,0	DE 30 A 40 0,0	DE 40 A 50 0,0	1 B 5 A 100,0	DE 50 A 60 0,0	DE 60 A 70 0,0	DE 70 A 80 0,0	NOMBRE DES VINS	100,0
Janvier.	»	»	»	»	»	»	»	»	»	»	»	»	»	»	»	»	»	»	»	»	»
Février.	»	»	»	»	»	»	»	»	»	»	1	»	»	»	1	»	»	»	»	»	»
Mars.	»	»	»	»	»	»	»	»	»	»	1	»	1	»	»	»	»	»	»	»	»
Avril.	»	»	»	»	»	»	»	»	»	»	»	»	»	»	»	»	»	»	»	»	»
Mai.	5	»	»	3	»	»	»	»	»	»	1	1	»	»	»	»	»	»	»	»	»
Juin.	14	»	3	3	3	5	»	»	»	»	5	4	1	»	»	»	»	»	»	»	»
Juillet.	23	2	11	6	5	2	»	1	1	»	9	2	2	1	3	1	»	»	»	»	»
Août.	38	3	8	9	8	4	3	»	2	1	7	1	3	2	»	1	»	»	»	1	1
Septembre.	31	2	7	8	»	2	7	2	2	1	13	1	1	1	4	2	»	1	3	»	»
Octobre.	17	3	5	8	1	»	»	»	»	»	5	2	2	»	»	»	»	»	»	»	»
Novembre.	8	1	1	5	1	»	»	»	»	»	6	2	2	1	1	»	»	»	»	»	»
Décembre.	6	»	3	2	1	»	»	»	»	»	1	1	»	»	»	»	»	»	»	»	»
TOTAUX.	147	11	38	49	19	13	10	3	5	2	48	13	12	5	9	4	»	1	3	1	1

Vins falsifiés. — Saisies par département

DÉPARTEMENTS	FUCHSINE SULFO-CONJUGUÉE		ROUGE DE BORDEAUX		ORSEILLE	
	NOMBRE DES SAISIES	QUANTITÉ DE VINS SAISIS EN HECTOLITRES	NOMBRE DES SAISIES	QUANTITÉ DE VINS SAISIS EN HECTOLITRES	NOMBRE DES SAISIES	QUANTITÉ DE VINS SAISIS EN HECTOLITRES
Ain.	»	»	1	5	»	»
Ardèche.	1	1	»	»	»	»
Aude.	11	638	2	25	»	»
Charente.	»	»	2	9	»	»
Côte-d'Or.	7	80	2	5	»	»
Deux-Sèvres. . . .	2	46	»	»	»	»
Dordogne.	1	2	»	»	»	»
Drôme.	10	33	»	»	»	»
Gard.	27	111	0	46	1	1
Gironde.	1	20	2	6	»	»
Hérault	46	633	14	32	»	»
Isère.	»	»	1	3	»	»
Jura.	1	2	»	»	»	»
Loire.	1	5	1	5	»	»
Puy-de-Dôme. . .	1	7	»	»	»	»
Pyrénées-Orientales. .	1	27	1	2	»	»
Rhône.	3	111	0	243	»	»
Saône-et-Loire. . .	2	3	5	13	»	.
Var.	1	15	»	»	»	»
Vaucluse.	4	15	2	12	»	»
Totaux.	132	1705	43	413	1	1

Les nombreuses saisies du laboratoire municipal en 1885 ont rendu les expéditeurs de vins plus avisés. Aussi la statistique que nous donnons ci-après, qui représente les opérations des premiers mois de 1886, exprime-t-elle un ralentissement considérable dans l'envoi des vins colorés avec les dérivés de la houille. Lors même qu'il entrerait à Lyon sur charrette des vins colorés expédiés dans les gares voisines, il est probable que les jugements nombreux rendus contre les délinquants ont enrayé, momentanément du moins, ces manipulations frauduleuses.

Travaux des premiers mois de 1886.

DATES DES SAISIES, QUANTITÉ SAISIE, NATURE DU COLORANT

Janvier. . .	12 hectolitres.	{	Rouge Bordeaux. Fuchsine acide.
Février. . .	13	—	Rouge Bordeaux. Fuchsine acide.
Mars . . .	32	—	Rouge Bordeaux. Fuchsine acide.
Avril . . .	2	—	Fuchsine acide.
Mai	2	—	Fuchsine acide.

Dans la colonne où nous portons la nature des colorants, nous trouvons à la fois le rouge Bordeaux et la fuchsine acide, ce qui ne veut pas dire qu'on ait trouvé les deux colorants mélangés dansun vin, mais bien que parmi les hectolitres saisis dans le mois, les uns étaient colorés au rouge Bordeaux, les autres au sulfoconjugué de la fuchsine.

FIN

TABLE DES MATIÈRES

TROISIÈME PARTIE

APPENDICE

FIN DE LA TABLE

LYON. — IMPRIMERIE PITRAT AINÉ, 4, RUE GENTIL

NOUVEAUX ÉLÉMENTS
D'HISTOIRE NATURELLE MÉDICALE
Comprenant
DES NOTIONS GÉNÉRALES SUR LA ZOOLOGIE,
LA BOTANIQUE ET LA MINÉRALOGIE, L'HISTOIRE ET LES PROPRIÉTÉS
DES ANIMAUX ET DES VÉGÉTAUX UTILES
OU NUISIBLES A L'HOMME SOIT PAR EUX-MÊMES, SOIT PAR LEURS PRODUITS
Par D. CAUVET
Professeur à la Faculté de médecine de Lyon

Troisième édition, revue et augmentée

1885, 2 vol. in-18 jésus, ensemble 1472 pages, avec 822 figures. . 12 fr.

L'histoire des animaux, des végétaux et des minéraux utiles ou nuisibles à l'homme a été faite selon l'ordre des séries naturelles, en suivant les classifications le plus généralement adoptées; les produits de ces différents êtres ont été étudiés soigneusement au double point de vue de tous leurs caractères et de leurs propriétés médicinales. Pour les médecins, l'auteur fait connaître les propriétés physiologiques des médicaments simples les plus usités; pour les pharmaciens, il donne les caractères distinctifs des drogues et les propriétés chimiques de leurs principes actifs.

HISTOIRE NATURELLE DES DROGUES SIMPLES
Par J.-B. GUIBOURT et G. PLANCHON
Professeurs à l'École de pharmacie, membres de l'Académie de médecine
Septième édition, corrigée et augmentée

4 vol. in-8, ensemble 2874 pages, avec 1077 figures. . . . . . 36 fr.

Seul, le *Traité des drogues simples* de MM. GUIBERT et PLANCHON comprend l'étude complète des drogues *d'origine minérale, d'origine végétale et d'origine animale;* seul il répond à son titre de *Cours d'histoire naturelle* professé autrefois par M. GUIBOURT et aujourd'hui par M. PLANCHON. Outre les détails pratiques de *détermination,* il comprend l'histoire complète de toutes les drogues : *origine, extraction, caractères physiques et chimiques, préparations, mode d'emploi, usages pharmaceutiques et thérapeutiques, falsifications,* etc.; il embrasse l'ensemble de toutes les questions qui se rattachent à l'étude de la matière et satisfait à tous les besoins de l'étudiant et du praticien.

LITTRÉ (de l'Institut). **DICTIONNAIRE DE MÉDECINE,** de chirurgie, de pharmacie, de l'art vétérinaire et des sciences qui s'y rapportent. Ouvrage contenant la synonymie grecque, latine, allemande, anglaise, italienne et espagnole, et le glossaire de ces diverses langues. *Quinzième édition,* mise au courant des progrès des sciences médicales et biologiques, et de la pratique journalière. 1886, 1 vol. gr. in-8 de 1.880 pages, à 2 colonnes, illustrée de 550 figures. . . . . 20 fr.
— Relié en demi-chagrin. . . . . 24 fr.
— Relié en demi-chagrin, tranches peignes. . . . . 25 fr.
— **ATLAS POPULAIRE** de médecine, de chirurgie, de pharmacie, de l'art vétérinaire et des sciences qui s'y rapportent, pouvant servir de complément à tous les dictionnaires de médecine 43 planches comprenant 196 figures. 1 vol. in-8 cart. . . . . 5 fr.

NOUVEAUX ÉLÉMENTS DE PHARMACIE

Par A. ANDOUARD

Professeur de chimie à l'École de médecine et de pharmacie de Nantes

Troisième édition, revue et augmentée

1 vol. in-8 de 950 pages, avec 150 figures. . . . . 16 fr.

L'auteur a accumulé dans ce livre le plus grand nombre de faits possibles, concernant les *propriétés physiques* et *chimiques* des substances médicinales, les *altérations* et les *falsifications* dont elles peuvent être l'objet. La préparation est décrite avec la précision et la minutie de détails qu'elle comporte, de façon que le pharmacien puisse fabriquer lui-même les produits qu'il a le devoir de préparer, et qu'il n'ignore pas les méthodes qu'emploie l'industrie pour fabriquer les autres. Ce livre résume fidèlement les derniers progrès de la science; il rendra de réels services, tant aux élèves qui préparent des examens ou des concours qu'aux pharmaciens qui pourront y puiser d'utiles renseignements.

AIDE-MÉMOIRE DE PHARMACIE

VADE-MECUM DU PHARMACIEN A L'OFFICINE ET AU LABORATOIRE

Par Eus. FERRAND

Pharmacien de 1re classe, rédacteur en chef de l'*Union pharmaceutique*

Quatrième édition

COMPRENANT

LES MÉDICAMENTS NOUVEAUX ET LES FORMULES NOUVELLES

en concordance avec l'édition du Codex de 1884

1885. 1 vol. in-18 jésus de 810 pages, avec 188 figures. Cartonné. . 7 fr.

MANUEL DES ÉTUDIANTS EN PHARMACIE

Par le Dr JAMMES

2 vol. in-18 jésus, ensemble 1200 pages, avec 270 figures. . . 10 fr.

MANIPULATIONS DE CHIMIE
GUIDE POUR LES TRAVAUX PRATIQUES DE CHIMIE
Par É. JUNGFLEISCH
Professeur à l'École supérieure de pharmacie de Paris

1 vol. grand in-8 de 1248 pages avec 372 figures, cart. . . . **27 fr.**

Cet ouvrage reproduit avec une grande exactitude le tableau des exercices pratiques de chimie ; il servira de guide dans toutes les écoles où l'on voudra organiser des manipulations. Le livre Ier traite des instruments et procédés d'un usage général ; le titre II étudie *les éléments et composés chimiques* (métalloïdes, métaux, substances organiques) ; le livre III expose *les méthodes d'analyse* ordinairement employées et met à même d'effectuer avec précision tous les procédés de la chimie analytique, quantitative ou qualitative, organique ou minérale.

NOUVEAUX ÉLÉMENTS DE CHIMIE MÉDICALE
ET DE CHIMIE BIOLOGIQUE
AVEC LES APPLICATIONS A L'HYGIÈNE, A LA MÉDECINE LÉGALE
ET A LA PHARMACIE
Par É. ENGEL
Professeur à la Faculté de médecine de Montpellier
Seconde édition

1 vol. in-18 jésus de 768 pages, avec 117 figures. . . . . . . **8 fr.**

TRAITÉ ÉLÉMENTAIRE DE PHYSIQUE MÉDICALE
Par W. WUNDT
Professeur à l'Université de Heidelberg
TRADUIT AVEC DE NOMBREUSES ADDITIONS
Par Ferdinand MONOYER
Professeur de physique médicale à la Faculté de Lyon
Seconde édition revue, avec additions nouvelles
Par A. IMBERT
Professeur à l'École de pharmacie de Montpellier

1 vol. in-8 de 796 pages avec 472 figures et 1 planche chromolithographiée. **12 fr.**

MANIPULATIONS DE PHYSIQUE
COURS DE TRAVAUX PRATIQUES
Par Henri BUIGNET
Professeur de physique à l'École supérieure de pharmacie de Paris

1 vol. gr. in-8 de 788 pages, avec 265 fig. et 1 pl. col. Cart. . . . **16 fr.**

TRAITÉ DE ZOOLOGIE MÉDICALE
Par Raphaël BLANCHARD
Professeur agrégé à la Faculté de médecine de Paris

1 vol. in-8 de 800 pages, avec 500 figures. . . . . **12 fr.**

NOUVEAU
DICTIONNAIRE DES PLANTES MÉDICINALES
DESCRIPTION, HABITAT ET CULTURE, RÉCOLTE, CONSERVATION
PARTIE USITÉE, COMPOSITION CHIMIQUE
FORMES PHARMACEUTIQUES ET DOSES, ACTION PHYSIOLOGIQUE
USAGES DANS LE TRAITEMENT DES MALADIES

Précédé d'une étude générale sur les plantes médicinales
au point de vue botanique, pharmaceutique et médical
avec clef dichotomique et tableau des propriétés médicales

Par le Dr A. HÉRAUD
Professeur d'histoire naturelle médicale à l'École de médecine navale de Toulon

Seconde édition, revue et augmentée

1885, 1 vol. in-18 jésus de 640 pages, avec 273 figures. Cartonné. . **6 fr.**

DENIKER. **ATLAS MANUEL DE BOTANIQUE.** Illustrations des familles et
des genres de plantes phanérogames et cryptogames avec le texte en regard.
1 vol. in-4 de 400 pages, avec 200 planches comprenant 3 300 figures.
Cart . . . . 30 fr.

Lucien GAUTIER (de Mamers) **LES CHAMPIGNONS,** considérés dans leurs
rapports avec la médecine, l'hygiène publique et privée, l'agriculture et
l'industrie, et description des principales espèces comestibles, suspectes et
vénéneuses de la France. 1 vol. gr. in-8 de 308 pages avec 195 figures interca-
lées dans le texte et 16 planches chromo-lithographiées. Cartonné . . 24 fr.

GERMAIN (de Saint-Pierre). **NOUVEAU DICTIONNAIRE DE BOTANIQUE,** comprenant la description des familles naturelles, les propriétés médicales et
les usages économiques des plantes, la morphologie et la biologie des végétaux. 1 vol. gr. in-8 de xvi-1 388 pages, avec 1.640 figures. . . . . . 25 fr.

MOQUIN-TANDON. **ÉLÉMENTS DE BOTANIQUE MÉDICALE,** contenant la
description des végétaux utiles à la médecine et des espèces nuisibles à
l'homme, vénéneuses ou parasites. *Troisième édition.* 1 vol. in-18 jésus,
avec 128 fig. . . . . 6 fr.

VERLOT. **GUIDE DU BOTANISTE HERBORISANT.** Conseils sur la récolte des
plantes, la préparation des herbiers, l'exploration des stations des plantes
phanérogames et cryptogames et les herborisations. *Troisième édition.* 1886,
1 vol. in-18, 740 pages, avec figures. Cartonné. . . . . 6 fr.

PRÉCIS DE TOXICOLOGIE
Par A. CHAPUIS
Professeur agrégé à la Faculté de médecine de Lyon

1 vol. in-18 jésus de 730 pages, avec figures, cartonné . . . . . **8 fr.**

NOUVEAU DICTIONNAIRE DES FALSIFICATION
ET DES ALTÉRATIONS
DES ALIMENTS, DES MÉDICAMENTS ET DE QUELQUES PRODUITS EMPLOYÉS
DANS LES ARTS, L'INDUSTRIE ET L'ÉCONOMIE DOMESTIQUE

Exposé des moyens scientifiques et pratiques
d'en reconnaître le degré de pureté, l'état de conservation,
de constater les fraudes dont ils sont l'objet,
Par J. Léon SOUBEIRAN
Professeur à l'École supérieure de Pharmacie de Montpellier

1 vol. in-8 de XIV-640 pages, avec 118 figures, cartonné . . . . **14 fr.**

DELEFOSSE (E.). PROCÉDÉS PRATIQUES POUR L'ANALYSE DES URINES, des dépôts et des calculs urinaires. *Troisième édition.* Paris, 1885, 1 vol. in-18 jésus, 170 pages, avec 25 planches comprenant 180 figures. . 3 fr.

GAUTIER. LA SOPHISTICATION DES VINS. Méthodes analytiques et procédés pour reconnaître la fraude, par le D' Arm. Gautier, professeur à la Faculté de médecine. *Troisième édition.* Paris, 1884, 1 vol. in-18 jésus de VIII-248 pages avec une planche coloriée. . . . . 4 fr. 50

-- LE CUIVRE ET LE PLOMB dans l'alimentation et l'industrie, au point de vue de l'hygiène. Paris, 1883, 1 vol. in-18 jésus de 310 pages. . 3 fr. 50

HÉRAUD. LES SECRETS DE LA SCIENCE, DE L'INDUSTRIE ET DE L'ÉCONOMIE DOMESTIQUE. Recettes, formules et procédés d'une utilité générale et d'une application journalière, par le D' A. Héraud, professeur à l'École de médecine de Toulon. 1 vol. in-8 jésus x-654 p. avec 205 fig. . 6 fr.

— JEUX ET RÉCRÉATIONS SCIENTIFIQUES, applications usuelles des mathématiques, de la physique, de la chimie et de l'histoire naturelle. 1884. 1 vol. in-18 jésus avec 205 figures, cartonné. . . . . 6 fr.

PIESSE. DES ODEURS, DES PARFUMS ET DES COSMÉTIQUES, histoire naturelle, composition chimique, préparation, recettes, industrie, effets physiologiques et hygiène des poudres, vinaigres, dentifrices, pommades, fards, savons, eaux aromatiques, essences, infusions, teintures, alcoolats, sachets, etc., par S. Piesse, chimiste parfumeur à Londres. *Seconde édition,* française avec le concours de MM. F. Chardin-Hadancourt et H. Massignon, 1 vol. in-18 jésus, 580 p. avec 92 fig. . . . . 7 fr.

TARDIEU (A.). ÉTUDE MÉDICO-LÉGALE ET CLINIQUE SUR L'EMPOISONNEMENT, avec la collaboration de Z. Roussin, pharmacien en chef de la pharmacie centrale des hôpitaux militaires, pour la *partie de l'expertise médico-légale relative à la recherche chimique des poisons. Seconde édition.* 1 vol. in-8 de XXII-1072 pages, avec 53 figures et 2 planches. 14 fr.

BERGERET. — **De l'abus des boissons alcooliques**, dangers et inconvénients pour les individus, la famille et la société. Moyens de modérer les ravages de l'ivrognerie. 1 vol. in-18, de VII-380 pages................................ 3 fr.

CHAPUIS (A.). — **Précis de toxicologie**, par le Dr Chapuis, professeur agrégé de chimie à la Faculté de médecine de Lyon. 1 vol. in-18 jésus de 730 pages avec 40 figures, cartonné.. 8 fr.

CHAUFFARD. — **Alcoolisme.** In-8........................ 1 fr.

FONSSAGRIVES (J.-B.). — **Hygiène militaire** des malades, des convalescents et des valétudinaires, ou du régime envisagé comme moyen thérapeutique. 3e *édition*, 1 vol. in-8 de XLVII-088 pages.................................... 9 fr.

GAUTIER (A.). — **La sophistication des vins.** Méthodes analytiques et procédés pour reconnaître la fraude, par A. Gautier, professeur à la Faculté de médecine. 3e *édition*, Paris, 1884, 1 vol. in-18 jésus de VIII-268 pages avec 1 planche coloriée contenant 63 tons de vins naturels ou colorés artificiellement.. 4 fr. 50

HERPIN (J.-Ch.). — **Du raisin et de ses applications thérapeutiques.** Études sur la médication des raisins connue sous le nom de cure aux raisins, ou ampélothérapie. 1 vol. in-18 jésus de 364 pages.............................. 3 fr. 50

— **De la graisse des vins.** 2e *édition.* In-8.......... 1 fr. 25

JOLLY. — **Le Tabac et l'Absinthe**, leur influence sur la santé publique, sur l'ordre moral et social. 1 vol. in-18 jésus de 216 pages.................................... 2 fr.

LENTZ (F.). — **De l'alcoolisme** et de ses diverses manifestations, considérées au point de vue physiologique, pathologique, clinique et médico-légal. 1 vol. in-8 de 567 pages... 10 fr.

MARVAUD. — **L'alcool**, son action physiologique, son utilité et ses applications en hygiène et en thérapeutique. 1 vol. in-8, 160 pages, avec 25 planches..................... 4 fr.

SOUBEIRAN. — **Nouveau dictionnaire des falsifications** et des altérations des aliments, des médicaments et de quelques produits employés dans les arts, l'industrie et l'économie domestique; exposé des moyens scientifiques et pratiques d'en reconnaître le degré de pureté, l'état de conservation, de constater les fraudes dont ils sont l'objet. 1 vol. gr. in-8 de 610 pages, avec 218 figures, cartonné................. 14 fr.

WURTZ. — **Des vins factices**, par C.-A. Wurtz, professeur à la Faculté de médecine de Paris. In-8........ 1 fr. 25

Imprimerie Eugène Colin, à Saint-Germain.